1.8 建筑效果图后期处理的基本流程　　　2.3 动手操作——修改文件大小及分辨率

3.1.3 动手操作——练习钢笔工具　　　4.4.1 动手操作——制作景观小品素材

4.4.2 动手操作——制作喷泉效果　　　4.4.3 动手操作——制作植物素材

4.4.4 动手操作——制作汽车素材

4.4.5 动手操作——制作人物素材　　　4.4.6 动手操作——制作雪景树木素材

5.1.1 动手操作——制作汽车倒影　　　　　5.1.2 动手操作——制作水面倒影

5.2.1 动手操作——制作普通投影　　　　　5.2.2 动手操作——制作折线投影

5.3.2 动手操作——直接添加天空

5.3.3 动手操作——使用渐变工具绘制天空

5.3.4 动手操作——合成法制作天空　　　　5.4.1 动手操作——透明玻璃的处理方法

5.5.1 动手操作——直接调用草地素材　　　　　5.5.2 动手操作——复制调用草地素材

6.1.3 动手操作——裁切法　　　　　　　　　6.1.4 动手操作——添加法

6.1.5 动手操作——修正透视图像　　　　　6.2.1 动手操作——调整主建筑色调

6.2.2 动手操作——调整远景配景效果

6.3.1 动手操作——制作锐化效果图　　　　6.3.2 动手操作——制作柔和的高光效果

6.3.3 动手操作——制作喷光效果　　　　　6.3.4 动手操作——制作晕影效果

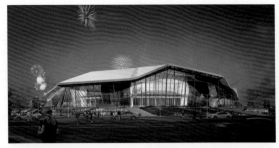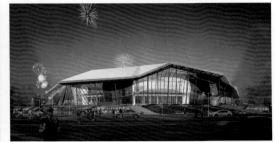

7.1 动手操作——制作建筑光柱

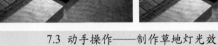

7.2 动手操作——制作路灯光效　　　　7.3 动手操作——制作草地灯光效

7.4 动手操作——制作聚光灯光效　　　　7.5 动手操作——制作玻璃强光光效

7.6 动手操作——制作太阳光束　　　　7.7 动手操作——制作太阳光晕

7.8 动手操作——制作汽车流光　　　　7.9 动手操作——制作日景变夜景效果

8.1 动手操作——制作下雨效果　　　　8.2 动手操作——制作下雪效果

8.3 动手操作——制作云雾效果

8.4 动手操作——制作水墨画效果　　　　8.5 动手操作——制作水彩效果

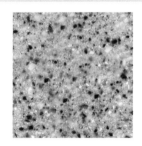

9.1 动手操作——制作无缝贴图　　　　8.6 动手操作——制作素描效果

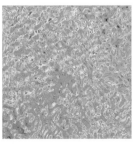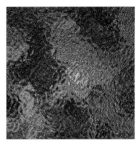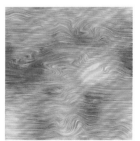
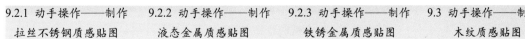

9.2.1 动手操作——制作　　9.2.2 动手操作——制作　　9.2.3 动手操作——制作　　9.3 动手操作——制作
拉丝不锈钢质感贴图　　　　液态金属质感贴图　　　　铁锈金属质感贴图　　　　木纹质感贴图

第11章 居民楼的后期处理

第14章 鸟瞰效果图的后期处理

中文版 Photoshop

室外效果图后期处理技法剖析

查欣 ◆ 编著

清华大学出版社

北京

内 容 简 介

本书系统、详尽地介绍使用Photoshop对室外建筑效果图进行后期处理的方法和技巧。本书章节安排由浅入深,每一章的内容都非常丰富,力争涵盖Photoshop在后期处理中所有的技术要点,并将大量的成功案例贯穿于整个讲解过程中。

本书共分为15章。第1章介绍Photoshop与建筑效果图;第2章介绍Photoshop的基础知识;第3章介绍常用的工具和命令;第4章介绍收集和制作配景;第5章介绍环境和配景的处理及使用;第6章介绍室外效果图的构图和修饰;第7章介绍室外效果图中光效的处理;第8章介绍特殊效果处理;第9章介绍制作纹理贴图;第10~14章介绍室外建筑整体的后期处理;第15章介绍效果图的打印与输出。

本书配套的DVD光盘包含书中实例的调用素材图像、效果源文件以及语音视频教学文件。

本书不仅适合作为室外建筑设计人员的参考手册,也可作为大中专院校和培训机构室外建筑设计及其相关专业的学习教材。

本书封面贴有清华大学出版社防伪标签,无标签者不得销售。

版权所有,侵权必究。侵权举报电话:010-62782989 13701121933

图书在版编目(CIP)数据

中文版Photoshop室外效果图后期处理技法剖析/查欣编著. —北京:清华大学出版社,2017
ISBN 978-7-302-47713-6

Ⅰ.①中… Ⅱ.①查… Ⅲ.①室外装饰—建筑设计—计算机辅助设计—图形软件 Ⅳ.①TU238.3-39

中国版本图书馆CIP数据核字(2017)第162197号

责任编辑:韩宜波
装帧设计:杨玉兰
责任校对:李玉茹
责任印制:李红英

出版发行:清华大学出版社
    网　　址:http://www.tup.com.cn, http://www.wqbook.com
    地　　址:北京清华大学学研大厦A座　　邮　　编:100084
    社 总 机:010-62770175　　邮　　购:010-62786544
    投稿与读者服务:010-62776969, c-service@tup.tsinghua.edu.cn
    质量反馈:010-62772015, zhiliang@tup.tsinghua.edu.cn
印 装 者:北京亿浓世纪彩色印刷有限公司
经　　销:全国新华书店
开　　本:190mm×260mm　　印　张:20.5　　插页:4　　字　数:490千字
　　　　　附DVD 1张
版　　次:2017年8月第1版　　印　次:2017年8月第1次印刷
印　　数:1~3000
定　　价:79.80元

产品编号:073454-01

前言

首先，感谢您翻阅《中文版 Photoshop 室外效果图后期处理技法剖析》。在现代的效果图设计制作行业中，室内外效果图分得很细，对于设计室外建筑效果图的人员来说，涉及室内设计的比重较小，所以本书主要面向室外建筑行业的后期处理人员。

本书内容从基础的常用工具和命令介绍到多个经典的建筑效果图案例，兼具了基础手册和技术手册的双重特点。希望本书能够帮助您解决工作中遇到的难题，提高技术水平，快速成为室外建筑效果图后期处理的高手。

本书以实例为主，摒弃长篇理论，从实际工作出发对常用功能和技巧进行了深入阐释，使读者可以形象、轻松地理解本书内容，掌握制作的方法。本书操作性与可读性强，特别适合与建筑后期处理专业相关的学生以及与室外设计相关的工作人员阅读，将使您切身感受专业而实际的后期处理工作。

本书章节内容安排如下：

- 第 1 章主要讲述 Photoshop 与室外建筑效果图的相关概念、用途和特色，建筑效果图与色彩和美术的关联，及建筑的设计风格和室外后期处理的操作步骤，使读者对建筑效果图有大体了解，知道建筑效果图的各种风格特色。
- 第 2 章主要讲述 Photoshop CC 的工作界面，并详细介绍图像和图层的相关内容，以及如何提高工作效率。
- 第 3 章主要讲述 Photoshop CC 的常用工具，包括选区工具的使用、图像工具的使用、移动和变换工具的使用，以及如何编辑选区、调整图像的色彩等。
- 第 4 章讲述如何收集和制作配景，其中主要讲述配景的概念、收集配景的方法、添加配景到效果图的步骤以及常用的几种配景的制作。
- 第 5 章主要讲述环境和配景的处理及使用，包括常用的配景倒影、投影的处理，环境天空、玻璃、草地的处理，以及配景的添加原则。
- 第 6 章主要讲述效果图的构图和修饰，包括调整效果图的构图、调整建筑的主次关系以及美化效果图。
- 第 7 章主要讲述室外效果图中常用光效的处理。
- 第 8 章主要讲述特殊效果的处理，包括下雨、下雪、云雾、水墨效果、水彩效果、素描效果的处理方法。
- 第 9 章主要讲述问题贴图的制作，包括无缝贴图、金属贴图、木纹贴图、石材贴图、草地贴图等的制作。
- 第 10 章主要讲述别墅的后期处理。
- 第 11 章主要讲述居民楼的后期处理。

前言

- 第 12 章主要讲述建筑夜景的后期处理。
- 第 13 章主要讲述中式古建效果图的后期处理。
- 第 14 章主要讲述鸟瞰效果图的后期处理。
- 第 15 章主要讲述如何对效果图进行打印与输出。

本书具有以下特点：

- 自学教程。书中安排了大量的案例，由浅入深、从易到难，可以让读者从实战中循序渐进地掌握相应的工具、命令等知识和操作技巧，同时掌握相应的行业应用知识。
- 技术手册。书中每个专题都包含案例，让读者在不知不觉中学会专业应用案例的制作方法和流程；还设计了许多提示和技巧，恰到好处地对读者进行点拨。
- 多媒体教学。本书附带DVD多媒体教学光盘，书中的每个案例都有详细的语音讲解，使读者不仅可以通过图书研究每一个操作细节，还可以通过多媒体教学领悟更多实战的技巧。

本书由淄博职业学院的查欣老师编著，其他参加编写的人员还有赵雪梅、崔会静、冯常伟、耿丽丽、霍伟伟、王宝娜、王冰峰、王金兰、尹庆栋、张才祥、张中耀、赵岩、王兰芳等，在此表示感谢。

由于编者水平有限，书中难免有不足和疏漏之处，恳请读者批评指正。

编　者

目录

目录

目录

目录

目录

第 1 章

Photoshop 与建筑效果图

　　本章介绍 Photoshop 与建筑效果图之间的关系，讲述建筑效果图后期处理的重要性，以及色彩、美术、光影与建筑的关系，简单介绍建筑的各种风格等；最后，将通过实例的方式讲述建筑效果图后期处理的基本流程。

1.1 建筑效果图

建筑效果图是使用各种写实的手法快速表现出的图像，它是以图形的形式进行传递的。效果图是最能直观、生动地表达设计意图，将设计意图以最直接的方式传达给观者的方法，从而使观者能够进一步认识和肯定设计师的设计理念与设计思想。

传统的建筑设计是通过人工手绘的图纸表现的，而替代传统手工绘制图纸的是计算机建模渲染而成的建筑设计表现图。相比传统的手绘效果图来说，计算机效果图更能真实体现出设计风格和装修艺术。

计算机建筑效果图就是为了表现建筑的效果而运用计算机制作的图纸，是建筑设计的辅助工具。计算机建筑效果图又名建筑画，它是随着计算机技术的发展而出现的一种新兴的建筑画绘图方式。在各种设计方案的竞标、汇报以及房地产商的广告中，都能找到计算机建筑表现图的身影。它已成为广大设计人员和建筑效果创作者展现自己的作品、吸引业主、获取设计项目的重要手段。效果图是设计师展示其作品的设计意图、空间环境、色彩效果与材料质感的一种重要手段。根据设计师的构思，不仅可以利用准确的透视制图和高超的制作技巧，将设计师的设计意图用软件转换成具有立体感的画面，还可以用 Photoshop 软件来添加人、车、树、建筑配景，甚至白天和黑夜的灯光变化也能很详细地模拟出来。如图 1-1 所示为计算机建筑效果图的制作流程，从分析图纸、建模到后期的处理。

图 1-1　建筑效果图的制作流程

1.2 建筑效果图后期的作用及重要性

Photoshop 是建筑表现中进行后期处理很重要的工具之一。模型是骨骼，渲染是皮肤，而后期就是服饰，一幅图的好与坏和后期处理有着直接的关系。

从电脑效果图的制作流程可以看出，利用 Photoshop 进行后期处理在整个建筑效果图中起着非常重要的作用。三维软件所做的工作只不过是提供给设计师一个可供 Photoshop 修改的"毛坯"，只有经过 Photoshop 的处理，才能得到一个真实逼真的场景，因此它的重要性绝不亚于前期的建模工作。

室外建筑效果图处理的工作量相对来说要大一些，主要是添加各种相应的配景，比如树木、花草、车、人物等，以此来丰富画面的内容，使其更加接近现实，效果如图 1-2 所示。

由于后期处理是效果图制作过程的最后一个步骤，所以它的成功与否直接关系到整个效果图的成败，因此要求操作人员不仅要有高超的建模和渲染能力，更要有过硬的后期处理能力，能把握作品的整体灵魂。总结 Photoshop 在建筑效果图后期处理中的具体应用，其作用如下。

图 1-2　室外建筑效果图处理前后效果对比

1. 调整图像的色彩和色调

调整图像的色彩和色调，主要是指使用 Photoshop 的"亮度 / 对比度""色相 / 饱和度""曲线""色彩平衡"等色彩调整命令对图像进行调整，以得到更加清晰、颜色色调更为谐调的图像。

2. 修改效果图的缺陷

当制作的场景过于复杂、灯光众多时，渲染得到的效果图难免会出现一些小的瑕疵或错误，如果再返回 3ds Max 中重新调整，既费时又费力。这时可以发挥 Photoshop 的特长，使用修复工具及颜色调整命令，轻松修复模型的缺陷。

3. 添加配景

添加配景就是根据场景的实际情况，添加上一些合适的树木、人物、天空等真实的素材。前面介绍过，3ds Max 渲染输出的场景单调、生硬、缺少层次和变化，只有为其加入合适的真实世界的配景，效果图才会有生命力和感染力。

4. 制作特殊效果

比如制作光晕、阳光照射效果，绘制喷泉，或将效果图处理成雨景、雪景等效果，以满足一些特殊效果图的需求。

制作效果图时，前期的模型创建与灯光材质以及渲染是 Photoshop 无法完成的，这些工作需要在三维软件中完成。在建筑行业中，最常用的三维软件就是 3ds Max。三维软件在处理效果图的环境氛围和制作真实的配景方面有些力不从心，但是使用 Photoshop 就可以轻松地完成此类任务。因此设计师通常将用 3ds Max 渲染输出的建筑场景放到 Photoshop 软件中，用 Photoshop 最基本的工具将配景素材与渲染输出的建筑场景轻松合成，例如天空、草地、树木和人物等素材都可以直接使用 Photoshop 进行处理。这个后加工的过程就是效果图后期处理，Photoshop 就是后期处理最常用的软件之一。图 1-3 所示为渲染图进行后期处理前后的对比效果。

另外，使用 Photoshop 软件还可以轻松地调整画面的整体色调，从而把握整体画面的协调性，使场景看起来更加真实，如图 1-4 所示。巧妙地应用 Photoshop 还可以轻松地创作出令人陶醉的意境，如图 1-5 所示。

图 1-3　用 Photoshop 处理前后的图像对比

图 1-4　调整为单一色调的建筑效果图　　　图 1-5　轻松地创作出令人陶醉的意境

1.3　色彩在建筑效果图中的重要性

　　没有难看的颜色，只有不和谐的配色。在效果图中，色彩的使用还蕴藏着健康方面的学问。太强烈的色彩，易使人产生烦躁的感觉，影响人的心理健康。把握一些基本原则，家庭装饰的用色并不难。室内的装修风格非常多，合理地把握这些风格的大体特征并加以应用，时刻把握最新、最流行的装修风格，对于设计师是非常有必要的。

1.3.1　色与光的关系

　　人们之所以能看到并清楚地辨认事物的形态和色彩，都是凭借光的映射反映到我们的视网膜上的成果，若无光，则无色。

　　光是色彩的基础，没有光就没有色彩，当光线改变的时候物体的色彩也会随之变化，那么我们就需要改变思维模式，不要认为天空就一定是蓝色的，树叶一定是绿色的。我们要根据不同的光线环境认真观察每一个物体的色彩，才能准确地进行绘制和制作。如图 1-6 所示为不同环境下的不同色彩。

图 1-6　光照影响的场景

1.3.2　色彩的心理学

色彩心理学家认为，不同的颜色对人的情绪和心理的影响有所差别。色彩心理是客观世界的主观反映。不同波长的光作用于人的视觉器官而产生色感时，必然导致人产生某种带有情感的心理活动。事实上，色彩生理和色彩心理过程是同时交叉进行的，它们之间既相互联系又相互制约。在发生一定的生理变化时，就会产生一定的心理活动；在有一定的心理活动时，也会产生一定的生理变化。比如，红色能使人在生理上脉搏加快，血压升高，心理上具有温暖的感觉。长时间受红光的刺激，会使人心理上产生烦躁不安的情绪，在生理上欲求相应的绿色来补充平衡。因此，色彩的美感与生理上的满足和心理上的快感有关。

1. 色彩心理与年龄有关

根据实验室心理学家的研究，随着年龄的变化，人的生理结构也发生变化，色彩所产生的心理影响随之有别。有人做过统计：儿童大多喜爱鲜艳的颜色。婴儿喜爱红色和黄色，4～8 岁的儿童最喜爱红色，9 岁的儿童喜爱绿色，10～15 岁的小学生中男生的色彩爱好次序为绿、红、青、黄、白、黑，女生的爱好次序是绿、红、白、青、黄、黑。随着年龄的增长，人们的色彩喜好逐渐向复色过渡，逐渐向黑色靠近。这是因为儿童刚走入这个大千世界，脑子思维一片空白，什么都是新鲜的，需要简单的、新鲜的、强烈刺激的色彩，他们的神经细胞产生得快、补充得快，对一切都有新鲜感，成年后，脑神经记忆库已经被其他刺激占据许多，色彩感觉相应会成熟和柔和。

2. 色彩心理与职业有关

体力劳动者喜爱鲜艳色彩，脑力劳动者喜爱调和色彩；农牧区居民喜爱极鲜艳的、成补色关系的色彩；高级知识分子则喜爱复色、淡雅色、黑色等较成熟的色彩。

3. 色彩心理与社会心理有关

由于不同时代在社会制度、意识形态、生活方式等方面有所不同，因此人们的审美意识和审美感受也不同。古典时代认为不和谐的配色，在现代却被认为是新颖的、美的配色。所谓反传统的配色在装饰色彩史上的例子是举不胜举的。一个时代的色彩审美心理受社会心理的影响很大，所谓"流行色"就是社会心理的一种产物。时代的潮流，现代科技的新成果，新的艺术流派的产生，甚至是自然界某种异常现象所引起的社会心理都可能对色彩心理发生作用。当一些色彩被赋予时代精神的象征意义，符合人们的认识、理想、兴趣、爱好、欲望时，那么这些具有特殊感染力的色彩就会流行。比如，20 世纪 60 年代初，宇宙飞船的上天，给人类开拓了进入新的宇宙空间的新纪元,这个标志着新的科学时代的重大事件曾轰动世界,各国人民都期待着宇航员从太空中带回新的趣闻。色彩研究专家抓住了人们的心理,发布了所谓"流行宇宙色",结果在一个时期内流行于全世界。这种宇宙色的特色是浅淡明快的高长调、抽象、无复色。不到1年,又开始流行低长调、成熟色、暗中透亮、几何形的格子花布。但1年后,又开始流行低短调、复色抽象、形象模糊、似是而非的时代色。这就是动态平衡的审美欣赏的循环。

4. 共同的色彩感情

虽然色彩引起的复杂感情是因人而异的,但由于人类生理构造和生活环境等方面存在着共性,因此对大多数人来说,无论是单一色,还是混合色,在色彩的心理方面,也存在着共同的色彩感情。根据心理学家的研究,主要有7方面,即色彩的冷暖、色彩的轻重感、色彩的软硬感、色彩的强弱感、色彩的明快感与忧郁感、色彩的兴奋感与沉静感、色彩的华丽感与朴实感。

正确地应用色彩美学,还有助于改善居住条件。宽敞的居室采用暖色装修,可以避免产生空旷感;房间小的住户可以采用冷色装修,在视觉上让人感觉大一些。人口少而感到寂寞的家庭居室,配色宜选暖色;人口多而感觉喧闹的家庭,居室宜用冷色。同一家庭,在色彩上也有侧重,卧室装修采用暖色调,有利于增进夫妻感情;书房用淡蓝色装饰,使人能够集中精力学习、研究;餐厅里,红棕色的餐桌,有利于增进食欲。对不同的气候条件,运用不同的色彩也可以在一定程度上改变环境气氛。在严寒的北方,人们希望室内墙壁、地板、家具、窗帘选用暖色装饰以产生温暖的感觉;反之,南方气候炎热潮湿,采用青、绿、蓝色等冷色调装饰居室,感觉上比较清凉。

研究由色彩引起的共同感情,对于装饰色彩的设计和应用具有十分重要的意义:

(1) 工装建筑一般使用暖色材质以增加温暖感。

(2) 住宅采用明快的配色,能给人以宽敞、舒适的感觉。

(3) 娱乐场所采用华丽、兴奋的色彩,能增强欢乐、愉快、热烈的气氛。

(4) 学校、医院采用明洁的配色,能为学生、病员创造安静、清洁、卫生、幽静的环境。

1.4 建筑效果图与美术基础

要看一位效果图设计师是否具有美术基础和深厚的艺术修养,通过对如图1-7所示的透视效果图的表现能力,即可得出明确的答案。

手绘效果图是设计师利用画笔表现出的一个装修概况,其需要比较扎实的绘画功底,才能够让设计意图表现得栩栩如生。图1-8所示为建筑速写效果。

效果图通常可以理解为对设计者的设计意图和构思进行形象化再现的形式。现在常见到的是手绘效果图和电脑设计效果图。

不管是手绘效果图还是电脑设计效果图,最基本的要求就是:应该符合事物的本身尺寸,不能为了美观而改变相关模型的尺寸,那样的效果图不但不能起到表现设计的作用,反而会成为影响设计的一个因素。

图 1-7　透视的室内效果图

图 1-8　建筑速写效果

　　随着设计元素多元化时代的来临，人们对建筑效果图作品的要求也在不断提高，越来越追求个性化、理想化的作品。这样的设计作品，无疑是需要广阔的设计思路和创新理念，否则，设计师终会被本行业所淘汰。

　　对于一位成熟的设计师来说，仅仅具备美术基础是远远不够的。室内设计师还要对材料、人体工程学、结构、光学、摄影、历史、地理、民族风情等一些相关知识有所掌握。这样，其设计作品才会有内容、有内涵、有文化。

　　效果图设计属于实用美术类的范畴。如果设计的成果只存在艺术价值，而忽略其使用功能，那么，这个设计只能是以失败而告终，同时，也就失去了室内设计的意义。

1.5　建筑与环境的色彩处理

　　建筑效果图的色彩与建筑材料是密切相关的，一方面建筑效果图必须真实反映建筑材料的色感与质感；另一方面建筑效果图必须具有一定的艺术创意，要表达出一定的氛围与意境。

　　构成建筑效果图色彩的因素主要有两点：一是建筑材料，二是天空与环境的色彩。对于前者必须使用固有色，以表现真实感；而对于后者，创意空间则较大。例如，天空既可以是蓝蓝的，又可以是灰蒙蒙的；环境既可以是花红柳绿的春天，又可以是白雪皑皑的冬天，还可以是夜晚或黄昏。

1.5.1　确定效果图的主色调

每一幅效果图都有一个主色调，就像乐曲的主旋律一样，主导了整个作品的艺术氛围。

色彩是城市文化、城市美学的重要组成部分，建筑物的色彩甚至能影响人们的生存环境和情感。中国古代建筑就非常讲究色彩，黄瓦红墙代表了最尊贵的颜色，只能在紫禁城、皇家园林等帝王居住之处使用，京城普通老百姓只能用青瓦青墙。

建筑的色调还包括色彩的明度和彩度，色彩明度高，给人以轻快、明朗、清爽、优美的感觉。而色彩彩度的选择要因建筑而异，大的建筑物，体量越大，色彩选择应该越淡；反之，色彩则以活泼为主，如图 1-9 所示。

图 1-9　复杂建筑的色彩对比

另外，公共设施类的建筑最好成组建设，成批统一规划安排，有利于色调的谐调。

1.5.2　使用色彩对比表现主题

色彩在室内外设计中具有多重功能，除具备审美方面的功能外，同时还具有表现和调节室内外空间情趣的作用。

在环境色彩中两种色彩互相影响，强调显示差别的现象，称作色彩对比。当同时观看相邻或接近的两种色彩时所发生的色彩对比，称作同时对比。

如果建筑物内部或外部的色彩属性有所变化时，还会产生属性之间的对比。色相和彩度相同时有明度对比；色相和明度相同时有彩度对比；明度和彩度相同时有色相对比。两种色彩之间必定存在差别，同时也必定产生相互影响。比如，在黑底上的灰色看起来要比白底上的灰色更明亮。又如，在两张灰色的底图上分别画上密集的黑线和白线，黑线部分的灰色底图显得深，而白线部分的灰色底图则显得浅。

好的效果图一般用色不宜超过 3 种，这个原则在室内效果图中体现得更为明显。如果画面中颜色过多，整个画面就会显得混乱，使人看上去很不舒服。

色彩对比可以使效果图更加好看，更加有韵味。色彩学上说的互补色就是色彩对比，例如，黄蓝对比、红绿对比、黑白对比等。红色让绿色显得更绿，反过来也一样。黄色最大程度地强化了蓝色。事实上，当看到一种色彩时，内在的感知能力就会想到它的互补色。任意两种色彩放到一起，彼此都会微妙地影响对方。每一种色彩安排，依据色彩在这种安排中的分量、质量和相邻关系，就会出现各种独特的联系和张力。

对于各种场所的设计师们来说，不是简单地把互为对比色的几种颜色加在一起就可以的，其实一样要考虑它们的明度和纯度、面积大小等。黄蓝对比就着重于明度和纯度，在使用时明度中等的黄色和纯度高点的蓝色搭配在一起是没有问题的。红绿讲究面积大小，大面积的红加上小面积的绿是没有问题的，但是不能面积平分，这样就会显得土气。色彩的使用位置应根据图的主色来调整，主色应该用在近处，然后是装饰色，最后是次色。

强烈的色彩对比或怪诞的色彩对比，都能突出主体物，注意的是其他次要的物体色彩不能太抢眼，要有点模糊的概念。

图 1-10 所示即为使用了色彩对比的两幅效果图。

图 1-10　色彩对比效果图

1.5.3　建筑与环境的色彩调和

色彩往往给人鲜明且直观的视觉印象，同时也是建筑造型中最直接有效的一种表达手段，它使建筑造型的表达具有广泛性和灵活性。

在建筑的活动中，色彩的使用提供了创造富有独特魅力的建筑环境的可能性，为建筑增添了难以言表的生机和活力。

总体来说，色彩在建筑效果的表现上主要体现在以下几方面。

- 对空间层次关系的再创造：可利用适当的色彩组合来调节建筑造型的空间效果，并对建筑的空间层次加以区分，以增加空间造型的主次关系，建立有组织的空间秩序感。

- 对空间比例关系的再创造：建筑的尺度和比例一般受地段的条件及建筑面积的制约，建筑立面上各种构件的尺度和比例也是由各种具体条件所限定的，这势必会影响设计师创意的发挥。这时，设计师通常就会运用色彩造型的方法来调整建筑形体和界面的比例。例如，对建筑上同一性质的表面施以不同的色彩可以使尺度由大划小，造成适宜的或较小的尺度，给人以亲切、精美之感；反之，也可使若干个零乱狭小的空间立面用统一的色彩组织起来，以达到对空间比例的重新划分与组合。

- 添加对比颜色的再创造：如果画面全是一个色调，就会显得单调、乏味；而如果在这一颜色中加上一小块对比颜色，则不仅可以打破颜色的太过统一性，又可以使画面产生变化，如图 1-11 所示。

- 材质的表现超本质的创造：建筑是各种材质的集合表现，材质是反映建筑造型界面的基本特征，色的表现可以使杂乱的肌理得到整顿而变得统一谐调，也可以使过于平淡单调的材质变得丰富多彩，超越材料本色的表现力。

图 1-11　色彩对空间比例的营造

1.5.4　建筑与环境的色彩对构图的影响

室外建筑效果图的环境通常也称为配景，主要包括天空、辅助楼体、树木、花草、车辆、人物等。

1. 天空

对于室外建筑效果图而言，天空是必需的环境元素，不同的时间与天气，天空的色彩是不同的，因此也会影响效果图的表现意境。

造型简洁、体积较小的室外建筑物，如果没有过多的辅助楼体、树木与人物等衬景，可以使用浮云多变的天空图，以增加画面的景观。造型复杂、体积庞大的室外建筑物，可以使用平和宁静的天空图，以突出建筑物的造型特征，缓和画面的纷繁。

天空在室外建筑效果图中占据的画面比例较大，但主要是起陪衬作用。因此，不宜过分雕琢，必须从实际出发，合理运用，以免分散主题。

2. 环境绿化

室内外效果图都离不开环境的处理，其中绿化是一项很重要的工作。树木作为室外建筑效果图的主要配景之一，能起到充实与丰富画面的作用。树木的组合要自如，或相连，或孤立，或交错。草坪、灌木等配景可以使环境幽雅宁静，大多铺设在路边或广场，在表现时只做一般装饰，不要过分刻画，以免冲淡建筑物的造型与色彩的主体感染力。

3. 车辆、人物

在室外建筑效果图中添加车辆、人物可以增强效果图的活力，使画面更具生机。通常情况下，在一些公共建筑和商业建筑的入口处以及住宅小区的小路上，可以添加一些人物，在一些繁华的商业街上可以添加一些静止或运动的车辆，以增强画面的生活气息。在添加车辆与人物时要适度，不要造成纷乱现象而冲淡主题。

1.6　建筑与环境的光影处理

质感可以通过灯光得以体现，建筑物的外形和层次则需要通过阴影来确定。建筑效果图的真实感很大程度上取决于细节的刻画，而建筑的细节则需要通过灯光与阴影的关系来刻画。从一定程度上说，处理光与影的关系就是解决效果图的阴影与轮廓、明暗层次与黑白关系。光影表现的重点是阴影和受光形式。

1. 阴影

阴影的基本作用是表现建筑的形体、凹凸和空间层次，另外，画面中也经常利用阴影的明暗对比来集中人们的注意力，突出主体。

在处理阴影时要注意两点：在一般的环境中影子不能过重，影子应该以可以察觉到但不刺眼、不影响整体的画面规划为原则；要控制好影子的边缘，即应该有退晕。

2. 受光形式

在建筑效果图中，最常用的受光形式主要有两种：单面受光和双面受光。

单面受光是指在场景中只有一个主光源，不对场景中的建筑进行补光，主要用于表现侧面窄小、正面简洁的建筑物。另外，这种受光形式还可以应用于鸟瞰图中，这样可以用阴影来烘托建筑，加强空间的层次感。在室外建筑效果图的表现中，单面受光的运用极少。

双面受光是指场景中有一个主光源照亮建筑物的正面，同时还有辅助光源照亮建筑物的侧面，但是以主光源的光照强度为主，从而使建筑物产生光影变化与层次。这种受光形式在室外建筑效果图中应用最为普遍。主光源的设置一般要根据建筑物的实际朝向、季节及时间等确定。而辅助光源则与主要光源相对，补充建筑物上过暗部位的光照效果，即补光，它起到补充、修正的作用，照亮主光源没有顾及的死角。

另外，在室外建筑效果图的光影处理中，可以遵循以下原则：

要避免大块的被光线照射生成的白色光斑，也要避免大块的因为背光而产生的黑暗面；在布光时应做到每个灯光都有切实的效果，对那些可有可无的灯光要删除。

1.7 分析各种风格的效果图

建筑风格是根据设计的内容和外貌反应的特征，主要在于建筑的平面布局、形态构成、艺术处理和手法运用等方面所展现的独特创意。下面介绍常见的几种建筑风格。

1.7.1 新古典主义

新古典风格从简单到繁杂、从整体到局部，精雕细琢，镶花刻金都给人一丝不苟的印象。一方面保留了材质、色彩的大致风格，仍然可以很强烈地感受传统的历史痕迹与浑厚的文化底蕴，同时又摒弃了过于复杂的肌理和装饰，简化了线条。无论是家具还是配饰均以其优雅、唯美的姿态，平和而富有内涵的气韵，描绘出居室主人高雅、贵族之身份。常见的壁炉、水晶宫灯、罗马古柱也是新古典风格的点睛之笔。新古典主义风格，更像是一种多元化的思考方式，将怀古的浪漫情怀与现代人对生活的需求相结合，兼容华贵典雅与时尚现代，反映出后工业时代个性化的美学观点和文化品位。

1.7.2 现代主义

现代风格的作品大都以体现时代特征为主，没有过分的装饰，一切从功能出发，讲究造型比例适度、空间结构图明确美观，强调外观的明快、简洁。体现了现代生活快节奏、简约和实用，但又富有朝气的生活气息。

1.7.3 异域风格

异域风格的建筑大多由境外设计师所设计，其特点是将国外建筑风格"原版移植"过来，并植入现代生活理念，同时又带有其种种异域情调空间。

1.7.4 普通风格

普通风格是指很难就其建筑外观在风格上下定义，它们的出现大概与商品房开发所处的经济发展阶段、环境或开发商的认识水平、审美能力和开发实力有关。建筑形象平淡，建筑外立面朴素，无过多的装饰，外墙面的材料亦无细致考虑，显得普通化。

1.7.5 主题风格

主题型楼盘是房地产策划的产物，流行一时。这种楼盘以策划为主导，构造楼盘的开发主题和营销主题，规划设计以此为依据展开。

1.8 建筑效果图后期处理的基本流程

本节将通过一幅室外亭子效果图的后期制作过程来了解效果图后期处理的基本流程。

亭子的渲染效果和后期处理效果如图 1-12 所示。观察渲染输出的图片，不难看出有以下几点问题：

(1) 效果图中无建筑背景。

(2) 画面整体偏灰。

(3) 画面整体关系不清晰。

图 1-12 亭子效果图的后期处理前后对比图

渲染的效果图偏灰调是渲染图像的通病，偏灰偏暗是由于画面的黑白灰层次关系没有拉开导致的。不同的色彩之间也存在着对比度，这也是色彩给人的视觉印象。要解决画面的灰暗问题，首先要解决的就是画面的明暗关系，明暗关系处理好了，画面的层次自然就清晰了。使用 Photoshop 调节图片的亮度和对比度可以改善画面的明暗关系。

动手操作——后期处理练习

① 启动 Photoshop CC 软件，按 Ctrl+O 组合键，打开随书配套光盘中的"素材"\"第1章"文件夹中的"亭子 .tga"、"亭子通道 .tga"和"亭子背景 .jpg"文件，如图 1-13 所示。

图 1-13　打开的文件

② 选择"亭子 .tga"文件，按住 Ctrl 键，在"通道"面板中单击 Alpha1 通道，将通道载入选区，如图 1-14 所示。

 提示

在 3ds Max 软件中，TGA 文件是带有通道的图像文件，所谓带通道的图像就是除背景外的所有物体都被施加一个通道蒙版。

③ 在"图层"面板中选择"背景"图层，按 Ctrl+J 组合键，将选区中的图像复制到新的图层中，如图 1-15 所示。

图 1-14　载入通道选区　　　　　图 1-15　复制选区中的图像

 技巧

在效果图的后期处理过程中，记住比较常用命令的快捷键可以快速高效地制作效果图。

④ 下面将为亭子制作背景。将"亭子背景 .jpg"图像拖曳到"亭子 .tga"文件中，将"背景"图层放置到"图层 1"图层的下方，并命名为"背景"，如图 1-16 所示。

⑤ 按 Ctrl+T 组合键，然后按住 Shift 键等比例调整变换框，如图 1-17 所示。

 提 示

按 Ctrl+T 组合键，可以打开自由变换框，通过调整控制点，可以调整图像的大小和旋转等。

图 1-16　调整图层的位置

图 1-17　调整图像的大小

⑥ 将"亭子通道 .tga"文件拖曳到"亭子 .tga"文件中，将其所在的图层放置到底部，并命名为"通道"，如图 1-18 所示。

⑦ 在"图层"面板中选择"图层 1"图层，按 Ctrl+L 组合键，在弹出的"色阶"对话框中调整色阶的参数，以增加图像的对比效果，如图 1-19 所示。调整图像色阶后的效果如图 1-20 所示。

图 1-18　添加图像为通道

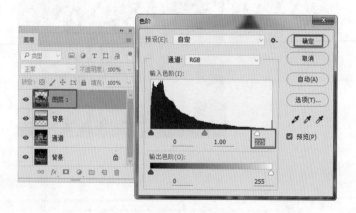

图 1-19　调整图像的色阶

⑧ 选择"通道"图层，使用 ◢（魔棒工具）在效果图中选择亭子底部区域的颜色，创建

选区，如图 1-21 所示。

　　图 1-20　调整色阶后的图像　　　　　　　　图 1-21　创建亭子底部的选区

　　⑨ 选择"图层 1"图层，按 Ctrl+J 组合键，将选区中的图像复制到新的图层，并命名为"亭子地面"。按 Ctrl+L 组合键，在弹出的"色阶"对话框中调整色阶参数，增加暗调对比，如图 1-22 所示。调整亭子地面后的效果如图 1-23 所示。

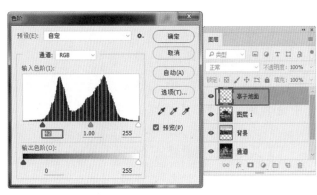

　　图 1-22　调整亭子地面的色阶　　　　　　　图 1-23　调整亭子地面后的效果

　　⑩ 在"图层"面板中选择"通道"图层，使用 ✎（魔棒工具）在效果图中选择亭子路面区域的颜色，创建选区，如图 1-24 所示。

　　⑪ 选择"图层 1"图层，按 Ctrl+J 组合键，将选区中的图像复制到新的图层，并命名为"亭子路面"；按 Ctrl+L 组合键，在弹出的"色阶"对话框中调整参数，设置暗调对比，如图 1-25 所示。调整路面后的效果如图 1-26 所示。

　　⑫ 在工具箱中选择 🔍（减淡工具），在工具选项栏中设置一个合适的笔触，并设置"曝光度"为 14%，如图 1-27 所示。

图 1-24　创建亭子路面区域

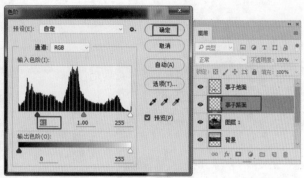

图 1-25　调整亭子路面的色阶

图 1-26　调整亭子路面后的效果

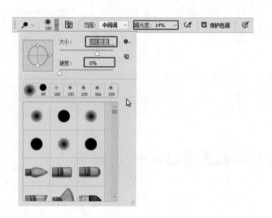

图 1-27　设置减淡工具

⑬ 选择"图层 1"图层，在效果图中使用 🔍（减淡工具）涂抹亭子的受光处，设置亭子的减淡效果，如图 1-28 所示。

⑭ 在工具箱中选择 🖐（加深工具），在工具选项栏中设置一个合适的笔触，并设置"曝光度"为 20%，如图 1-29 所示。

⑮ 使用 🖐（加深工具）加深图像背光处的阴影效果，如图 1-30 所示。

⑯ 效果图的后期处理制作完成后，因为效果图是带有图层的，所以我们先将带有图层的文件进行存储，以便于日后修改。在菜单栏中选择"文件 | 存储为"命令，在弹出的对话框中选择一个存储路径，为文件命名，设置"保存类型"为 PSD，单击"保存"按钮，如图 1-31 所示。

⑰ 存储完带有图层的文件后，在"图层"面板中单击 ≡ 按钮，在弹出的快捷菜单中选择"拼合图像"命令，如图 1-32 所示。

⑱ 合并图层后，在菜单栏中选择"文件 | 存储为"命令，在弹出的对话框中选择一个存储路径，为文件命名，设置"保存类型"为 TIFF，单击"保存"按钮，如图 1-33 所示。

图 1-28　设置亭子的减淡效果

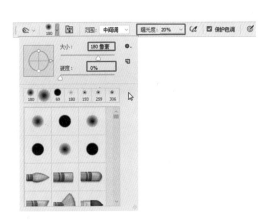

图 1-29　设置加深参数

图 1-30　加深图像的阴影效果

图 1-31　存储为 PSD 文件

图 1-32　选择"拼合图像"命令

图 1-33　存储为 TIFF 文件

1.9 小结

　　本章首先对效果图的概念、原理、风格等相关内容进行了简单的介绍，使读者对这方面的知识有了一个大体的了解；然后通过一个简单的室外后期处理案例讲述后期处理的重要性、色彩常识、后期处理的基本流程及如何将 3ds Max 效果图导入 Photoshop 软件等内容。

第 2 章
Photoshop 的基础知识

　　在开始学习建筑效果图后期处理之前，我们首先来了解一些有关图像的专业知识，这将有助于后面的制作。

　　电脑能处理的都是数字化信息，即使是图像文件，它也会一视同仁地将它们看作描述图像的数据。由于有了电脑上的图像处理系统，我们可以在同一工作区内浏览任何图像，并通过一组集成工具对它们进行合成处理，创造出现实生活中无法提取到的效果。

2.1 | Photoshop CC 的工作界面介绍

Photoshop CC 默认的界面颜色为较暗的深色，如图 2-1 所示。

图 2-1　打开的界面

如果想要更改界面的颜色方案，可以在菜单栏中选择"编辑｜首选项｜界面"命令，在"外观"选项组中可以选择合适的颜色方案。本书使用的是最后一种颜色方案，如图 2-2 所示。

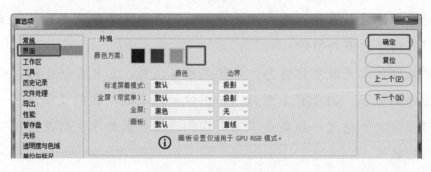

图 2-2　选择一种颜色方案

在学习任何一款软件之前，对其工作环境进行了解都是非常有必要的，这对于我们在后面能否顺利地工作具有极其重要的意义。虽然 Photoshop 的功能非常强大，它的核心技术却很简单，但是这并不意味着用户一夜就能成为"高手"，若想熟练掌握效果图后期制作的方法，还要从基础学起。

运行 Photoshop CC 软件，在菜单栏中选择"文件｜打开"命令，打开一张图片后，即可看到类似图 2-3 所示的工作界面。

从图 2-3 可以看出，Photoshop CC 的工作界面由菜单栏、工具选项栏、工具箱、图像窗口、控制面板区、状态栏等几部分组成。

图 2-3　Photoshop CC 的工作界面

下面简单讲解界面的各个构成要素及其功能。

● 菜单栏：菜单栏中包含用户进行图像编辑时所用的命令，如图 2-4 所示。

文件(F)　编辑(E)　图像(I)　图层(L)　文字(Y)　选择(S)　滤镜(T)　3D(D)　视图(V)　窗口(W)　帮助(H)

图 2-4　Photoshop CC 的菜单栏

● 工具选项栏：每当在工具箱中选择了一种工具后，工具选项栏就会显示当前所选工
具的选项，以便对当前所选工具的参数进行设置。工具选项栏显示的内容随选择工
具的不同而不同，图 2-5 所示为选择 ✨（魔棒工具）工具时选项栏显示的内容。图
2-6 所示为选择 ♣.（仿制图章工具）工具时选项栏显示的内容。

图 2-5　魔棒工具选项栏

图 2-6　仿制图章工具选项栏

工具选项栏是工具箱中各个工具功能的延伸与扩展，通过适当设置工具选项栏中的选项，
可以有效提高工具在使用中的灵活性。

● 工具箱：工具箱是 Photoshop 处理图像的"兵器库"，包括选择、绘图、编辑、文
字等 40 多种工具，相关工具将进行分组，如图 2-7 所示。

● 图像窗口：图像窗口是 Photoshop 显示、绘制和编辑图像的主要操作区域。它是一
个标准的 Windows 窗口，可以对其进行移动、调整大小、最小化和关闭等操作。
图像窗口的标题栏中，除了显示当前图像的文档名称外，还显示图像的显示比例、
色彩模式等信息。可以将文档窗口设置为选项卡式窗口，并且在某些情况下可以进

行分组和停放。

- 状态栏：图像窗口下方是状态栏，用于显示当前图像的显示比例、文档大小等信息。
- 控制面板区：控制面板是 Photoshop 的特色之一，默认位于工作界面的右侧，基本的控制面板如图 2-8 所示。它们可以帮助用户监视和修改用户的工作，若要选择某个控制面板，可以单击控制面板窗口中相应的标签。例如，如果要查看图层状态，可以直接在控制面板中单击"图层"标签。

图 2-7　Photoshop CC 的工具箱

图 2-8　Photoshop CC 基本控制面板

2.1.1　菜单栏

菜单栏可以为使用 Photoshop 编辑图像带来方便，如图 2-9 所示为菜单栏。

文件(F)　编辑(E)　图像(I)　图层(L)　文字(Y)　选择(S)　滤镜(T)　3D(D)　视图(V)　窗口(W)　帮助(H)

图 2-9　菜单栏

Photoshop 的菜单栏由"文件""编辑""图像""图层""文字""选择""滤镜"、3D、"视图""窗口"和"帮助"共 11 类菜单组成，包含操作时要使用的所有命令。要使用菜单中的命令，只需将鼠标光标指向菜单中的某项并单击，此时将显示相应的下拉菜单。在下拉菜单中上下移动鼠标单击要使用的菜单选项，即可执行此命令。如图 2-10 所示为执行"图层|新建"命令后的下拉菜单。

了解菜单命令的状态，对于正确地使用 Photoshop 是非常重要的，因为状态不同，其使用方法也是不一样的。

- 子菜单命令：在 Photoshop 中，某些命令从属于一个大的菜单项，且本身又具有多种变化或操作方法。为了使菜单组织更加有序，Photoshop 采用了子菜单模式，如图 2-10 所示。此类菜单命令的共同点是在其右侧有一个黑色的小三角形▶。

图 2-10　子菜单

- 不可执行的菜单命令：许多菜单命令都有一定的运行条件，当条件缺乏时，这个命令就不能执行，此时菜单命令以灰色显示。
- 带有对话框的菜单命令：在 Photoshop 中，多数菜单命令被执行后都会弹出对话框，用户可以在对话框中进行参数设置，以得到需要的效果，此类菜单命令的共同点是其名称后带有省略号。

2.1.2　工具箱

Photoshop CC 的工具箱中有很多工具图标，其中工具的右下角带有三角形图标，表示这是一个工具组，每个工具组中又包含多种工具，在工具组上单击鼠标右键即可弹出隐藏的工具。左键单击工具箱中的某一种工具，即可选择该工具，如图 2-11 所示。

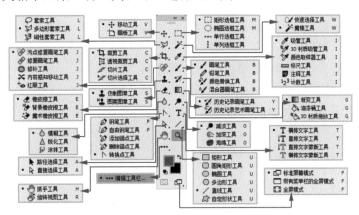

图 2-11　工具箱

2.1.3　工具选项栏

Photoshop 的工具选项栏提供了控制工具属性的选项，其显示内容根据所选工具的不同而发生变化。选择相应的工具后，Photoshop 的选项栏将显示该工具可使用的功能和可进行的编辑操作等，选项栏一般固定位于菜单栏的下方。如图 2-12 所示为在工具箱中单击 （矩形选框工具）后，显示的工具选项栏。

当前选择的工具　　　　　当前选择工具对应的功能

图 2-12　工具选项栏

2.1.4　状态栏

状态栏位于图像窗口的底部,用来显示当前打开文件的一些信息,如图 2-13 所示。单击三角符号打开子菜单,即可显示状态栏包含的所有可显示选项。

其中各项的含义如下。

● Adobe Drive:用来连接 Version Cue 服务器中的 Version Cue 项目,可以让设计人员合理地处理公共文件,从而让设计人员轻松地跟踪或处理多个版本的文件。

● 文档大小:在图像所占空间中显示当前所编辑图像的文档大小。

● 文档配置文件:在图像所占空间中显示当前所编辑图像的图像模式,如 RGB 颜色、灰度、CMYK 颜色等。

● 文档尺寸:显示当前所编辑图像的尺寸大小。

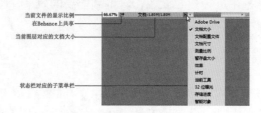

图 2-13　状态栏

● 测量比例:显示当前测量时使用的比例尺。

● 暂存盘大小:显示当前所编辑图像占用暂存盘的情况。

● 效率:显示当前所编辑图像操作的效率。

● 计时:显示当前所编辑图像操作用去的时间。

● 当前工具:显示当前编辑图像时用到的工具名称。

● 32 位曝光:编辑图像曝光只在 32 位图像中起作用。

● 存储进度:Photoshop CC 新增的功能,用来显示后台存储文件时的时间进度。

● 智能对象:用来显示智能化的丢失信息和已更改的信息。

2.1.5　控制面板区

Photoshop CS3 版本以后的面板组,可以将不同类型的面板归类到相对应的组中并将其停靠在右边面板组中,在我们处理图像时需要哪个面板,只要单击标签就可以快速找到相对应的面板从而不必再到菜单中打开。Photoshop CC 版本在默认状态下,只要选择菜单中的"窗口"命令,在下拉菜单中选择相应的面板,之后该面板就会出现在面板组中。如图 2-14 所示的图像就是在展开状态下的面板组。

工具箱和面板组默认处于固定状态,只要用鼠标拖动标题处到工作区域,就可以将固定状态变为浮动状态。

　　若工具箱或面板处于固定状态时关闭,再次打开后工具箱或面板仍然处于固定状态;若工具箱或面板处于浮动状态时关闭,再次打开后工具箱或面板仍然处于浮动状态。

图 2-14　面板组

2.1.6　图像窗口

图像窗口是 Photoshop 显示、绘制和编辑图像的主要操作区域，用于显示用户正在处理的文件。图像窗口的标题栏中，除了显示当前图像的名称外，还显示图像的显示比例、色彩模式等信息。可以将图像窗口设置为选项卡式窗口，并且在某些情况下可以进行分组和停放。

2.2　图像操作的基本概念

在开始学习绘制建筑效果图之前，应了解一些有关图像方面的专业知识，这将有利于制作图像。本节将介绍一些最基本的与图像相关的概念。

2.2.1　图像类型

图像文件大致可以分为两大类：一类为位图，另一类为矢量图。了解和掌握这两类图形的差异，对于创建、编辑和导入图片都有很大帮助。

1. 位图

位图图像，也被称为点阵图像或绘制图像，是由称作像素（图片元素）的单个点组成的。这些点可以进行不同的排列和染色以构成图样。当放大位图时，可以看见构成整个图像的无数个方块。扩大位图尺寸的效果是增大单个像素，从而使线条和形状显得参差不齐。然而，如果从稍远的位置观看它，位图图像的颜色和形状又是连续的。常用的位图处理软件是 Photoshop。

将一幅位图图像放大显示时，其效果如图 2-15 所示。可以看出，将位图图像放大后，图像的边缘产生了明显的锯齿。

图 2-15　位图

2. 矢量图

矢量图也叫面向对象绘图，是用数学方式描述的曲线及曲线围成的色块制作的图形。它们在计算机内部表示成一系列的数值而不是像素点，这些值决定了图形如何显示在屏幕上。用户所作的每一个图形、打印的每一个字母都是一个对象，每个对象都可以决定其外形的路径，对象之间相互隔离，因此用户可以自由地改变对象的位置、形状、大小和颜色。同时，由于这种保存图形信息的办法与分辨率无关，因此无论放大或缩小多少，都有一样平滑的边缘，一样的视觉细节和清晰度。

矢量图形尤其适用于标志设计、图案设计、文字设计、版式设计等，它所生成的文件也比位图文件要小。基于矢量绘画的软件有 CorelDRAW、Illustrator、FreeHand 等。

如图 2-16 所示，将矢量图形放大后，矢量图形的边缘并没有产生锯齿效果。

图 2-16　矢量图

提 示

　　如果希望位图图像放大后边缘保持光滑，就必须增加图像中的像素数目，此时图像占用的磁盘空间就会加大。在 Photoshop 中，除了路径外，我们遇到的图形均属于位图图像。

由此可以看出，位图与矢量图最大的区别在于：基于矢量图的软件原创性比较大，主要长处在于原始创作；而基于位图的软件，后期处理比较强，主要长处在于图片的处理。比较矢量图和位图的差别可以看到，放大的矢量图的边缘和原图一样是圆滑的，而放大的位图的边缘就带有锯齿状。

但是又不能说基于位图处理的软件就只能处理位图，例如，CorelDRAW 虽然是基于矢量图的程序，但它不仅可以导入（或导出）矢量图形，甚至还可以利用 CorelTrace 将位图转换为矢量图，也可以将 CorelDRAW 中创建的图形转换为位图导出。

> 矢量图进行任意缩放都不会影响分辨率，但是不能表现色彩丰富的自然景观与色调丰富的图像。

2.2.2　图像格式

图像文件格式就是存储图像数据的方式，它决定了图像的压缩方法、支持 Photoshop 的何种功能以及文件是否与其他文件相兼容等属性。下面介绍一些常见的图像格式。

- PSD：Photoshop 的默认存储格式，能够保存图层、蒙版、通道、路径、未栅格化的文字、图层样式等。在一般情况下，保存文件都采用这种格式，以便随时进行修改。PSD 格式应用非常广泛，可以直接将这种格式的文件置入 Illustrator、InDesign 和 Premiere 等软件中。
- PSB：一种大型的文档格式，可以最高支持 300 000 像素的超大图像文件。它支持 Photoshop 的所有功能，可以保存图像的通道、图层样式和滤镜效果，但是只能在 Photoshop 中打开。
- BMP：微软开发的固有格式，这种格式被大多数软件支持。此格式采用了一种称为 RLE 的无损压缩方式，对图像质量不会产生影响。BMP 格式主要用于保存位图图像，支持 RGB、位图、灰度和索引颜色模式，但是不支持 Alpha 通道。
- GIF 格式：输出图像到网页最常用的格式。采用 LZW 压缩，支持透明背景和动画，被广泛应用在网络中。
- DICOM：通常用于传输和保存医学图像，如超声波和扫描图像。此种格式文件包含图像数据和标头，其中存储了有关医学图像的信息。
- EPS：为 PostScript 打印机上输出图像而开发的文件格式，是处理图像工作中最重要的格式，被广泛应用在 Mac 和 PC 环境下的图形设计和版面设计中，几乎所有的图形、图表和页面排版程序都支持这种格式。
- IFF 格式：由 Commodore 公司开发，由于该公司已退出计算机市场，因此，IFF 格式也将逐渐被废弃。
- JPEG：最常用的一种图像格式。它是一种最有效、最基本的有损压缩格式，被绝大多数图形处理软件所支持。
- DCS 格式：Quark 开发的 EPS 格式的变种，主要在支持这种格式的 QuarkXPress、

PageMaker 和其他应用软件上工作。DCS 便于分色打印。Photoshop 在使用 DCS 格式时，必须转换成 CMYK 颜色模式。

- PCX：DOS 平台下的古老程序 PC PaintBrush 固有格式的扩展名，目前并不常用。
- PDF：由 Adobe Systems 创建的一种文件格式，允许在屏幕上查看电子文档。PDF 文件还可嵌入到 Web 的 HTML 文档中。
- RAW：一种灵活的文件格式，主要用于在应用程序与计算机平台之间传输图像。RAW 格式支持具有 Alpha 通道的 CMYK、RGB 和灰度模式，以及无 Alpha 通道的多通道、Lab、索引和双色调模式。
- PXR：专为高端图形应用程序设计的文件格式，它支持具有单个 Alpha 通道的 RGB 和灰度图像。
- PNG：专为 Web 开发的，是一种将图像压缩到可以在 Web 上应用的文件格式。PNG 格式与 GIF 格式不同的是，PNG 格式支持 24 位图像并产生无锯齿状的透明背景。PNG 格式由于可以实现无损压缩，并且可以存储透明区域，因此常用来存储背景透明的素材。
- SCT：支持灰度图像、RGB 图像和 CMYK 图像，但是不支持 Alpha 通道，主要用于 Scitex 计算机上的高端图像处理。
- TGA：专用于使用 TrueVision 视频板的系统，它支持有一个单独 Alpha 通道的 32 位 RGB 文件，以及无 Alpha 通道的索引、灰度模式，并且支持 16 位和 24 位的 RGB 文件。

> 在渲染 3ds Max 图像时，尽量存储为 TGA 格式，因为该格式是带有通道的一种格式，所以可以根据通道选择图像。

- TIFF：一种通用的文件格式，所有绘画、图像编辑和排版程序都支持该格式，而且几乎所有的桌面扫描仪都可以产生 TIFF 图像。TIFF 格式支持具有 Alpha 通道的 CMYK、RGB、Lab、索引颜色和灰度图像，以及没有 Alpha 通道的位图模式图像。Photoshop 可以在 TIFF 文件中存储图层和通道，但是如果在另外一个应用程序中打开该文件，那么只有拼合图像才是可见的。
- 便携位图格式 PBM：支持单色位图（即 1 位 / 像素），可以用于无损数据传输。因为许多应用程序都支持这种格式，所以可以在简单的文本编辑器中编辑或创建这类文件。

2.2.3 像素

像素 (Pixel) 是由图像 (Picture) 和元素 (Element) 两个单词的字母所组成的词汇。可以将一幅图像看成是由无数个点组成的，其中，组成图像的一个点就是一像素。像素是构成图像的最小单位，它的形态是一个小方块。如果把位图图像放大到数倍，会发现这些连续的色调其实是由许多色彩相近的小方块组成的，而这些小方块就是构成位图图像的最小单位——"像素"。越高位的像素，其拥有的色板也就越丰富，越能表达颜色的真实感。

2.2.4 分辨率

分辨率决定了位图图像细节的精细程度。

通常情况下，图像的分辨率越高，所包含的像素就越多，图像就越清晰，印刷的质量也就越好。同时，它也会增加文件占用的存储空间。如图 2-17 和图 2-18 所示为将位图放大数倍显示出的像素点状态。

图 2-17 百分百显示的图像

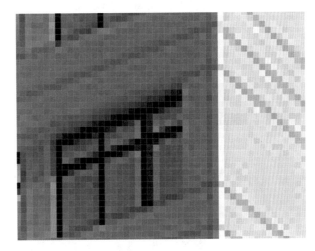

图 2-18 放大后的图像

在 Photoshop 中，图像像素被直接转换为显示器的像素。这样，如果图像分辨率比显示器的分辨率高，那么图像在屏幕上显示的尺寸要比它实际打印的尺寸大。

计算机在处理分辨率较高的图像时速度会变慢，另外，在存储或者网上传输图像时，会消耗大量的磁盘空间和传输时间，所以在设置图像时最好根据图像的用途改变图像分辨率，在更改分辨率时要考虑图像的显示效果和传输速度。

图像分辨率直接影响图像的最终效果。图像在打印输出之前，都是在计算机屏幕上操作的，在打印输出时应根据其用途不同而进行不同的设置。分辨率有很多种，经常接触的分辨率概念有以下几种。

- 屏幕分辨率：屏幕分辨率是指计算机屏幕上的显示精度，是由显卡和显示器共同决定的，一般以水平方向与垂直方向像素的数值来反映。例如，1024 像素 × 768 像素表示水平方向的像素值是 1024 像素，而垂直方向的像素值是 768 像素。

- 打印分辨率：打印分辨率又称打印精度，是由打印机的品质决定的。一般以打印出来的图纸上单位长度中墨点的多少来反映（以水平方向 × 垂直方向来表示），单位为 dpi(像素/英寸)。打印分辨率越高，意味着打印的喷墨点越精细，表现在打印出的图纸上是直线更挺、斜线的锯齿也更小，色彩也更加流畅。

- 图像的输出分辨率：图像的输出分辨率是与打印机分辨率、屏幕分辨率无关的另一个概念，它与图像自身所包含的像素的数量（图形文件的数据尺寸）以及要求输出的图幅大小有关，一般用水平方向或垂直方向上单位长度中的像素数值来反映，单位为 ppi 或 ppc，如 500ppi、75ppc 等。图像的输出分辨率计算公式为：输出分辨率 × 图幅大小（宽或高）= 图像文件的数据尺寸（对应的宽或高）。由此可见，随着输出分辨率的提高，图像文件的数据尺寸也会相应增大，会给计算机中的运算和文件存储增加负担。因此，应当选择合适的输出分辨率，而不是输出分辨率越高越好。

2.2.5　图层

图层是 Photoshop 软件中很重要的一部分，是学习 Photoshop 必须掌握的基础概念之一。那么究竟什么是图层呢？它又有什么意义和作用呢？

简单地讲，图层就是一张张透明的胶片，而每一个图层中都包含着各种各样的图像。当这些类似透明的胶片重叠在一起时，胶片中的图像也会一起显示出来（也有可能被挡住），我们可以修改每一个图层中的图像，而不影响其他的图层，这也是它最基本的工作原理，如图 2-19 所示，左图为最终效果，右图为隐藏了光效图层的效果。

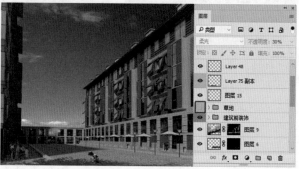

图 2-19　查看图层

这种分层作图的工作方式可以极大提高后期修改的便利性，也最大可能地避免了重复劳动。因此，将图像分图层制作是明智的。

当然，Photoshop 的图层概念不仅如此，而且还可以对图层进行不同的编辑操作，使图层之间能够得到不同的特殊效果。因为图层是很重要的一个知识点，所以将在后面小节中详细介绍。

2.2.6　路径

在 Photoshop 中，使用钢笔工具可以绘制精确的矢量图形，还可以通过创建的路径对图像进行选取，转换成选区后即可对选择区域进行相应编辑或创建蒙版。通过"路径"面板可以对创建的路径进行进一步的编辑，如图 2-20 所示。

图 2-20 路径

- ● (用前景色填充路径) 按钮：创建路径后，单击● (用前景色填充路径) 按钮，可以填充路径为前景色。
- ○ (用画笔描边路径) 按钮：单击○ (用画笔描边路径) 按钮，可以为当前路径创建描边，描边为前景颜色。
- ⁝ (将路径作为选区载入) 按钮：单击⁝ (将路径作为选区载入) 按钮，可以将当前绘制的路径载入为选区。
- ◇ (从选区生成工作路径) 按钮：使用◇ (从选区生成工作路径) 按钮，可以将选区转换为路径。
- ■ (添加矢量蒙版) 按钮：该工具按钮与"图层"面板中的"添加矢量蒙版"按钮相同，都是为选区添加一个蒙版层。
- ▢ (创建新路径) 按钮：单击▢ (创建新路径) 按钮，可以创建新的路径层。
- 🗑 (删除当前路径) 按钮：选择一个路径层，单击🗑 (删除当前路径) 按钮，即可删除当前的路径层。

通常路径需要使用路径工具进行绘制和编辑，下面是常用的路径绘制和编辑工具。

- ✎ (钢笔工具)：以锚点方式创建区域路径，主要用于绘制矢量图形和选取对象。
- ✎ (自由钢笔工具)：用于绘制比较随意的图形，使用方法与套索工具非常相似。
- ✎ (添加锚点工具)：将光标放在路径上，单击即可添加一个锚点。
- ✎ (删除锚点工具)：删除路径上已经创建的锚点。
- ⌐ (转换点工具)：用来转换锚点的类型 (角点和平滑点)。
- ▸ (路径选择工具)：在路径浮动窗口内选择路径，可以显示出锚点。
- ▹ (直接选择工具)：只移动两个锚点之间的路径。

2.2.7 通道

Photoshop 中的通道因颜色模式的不同会产生不通的通道，在通道中显示的图像只有黑、白两种颜色。Alpha 通道是计算机图形学中的术语，指的是特别的通道。通道中的白色部分会在图层中创建选区，黑色部分就是选区以外的部分，灰色部分是黑、白两色的过渡，

产生的选区会有羽化效果。在图层中创建的选区可以储存到通道中。如图 2-21、图 2-22 和图 2-23 所示的图像分别为同一幅图像在 RGB 颜色模式、CMYK 颜色模式和 Lab 颜色模式下的通道。

图 2-21　RGB 通道　　　　图 2-22　CMYK 通道　　　　图 2-23　Lab 通道

2.2.8　蒙版

Photoshop 中的蒙版可以对图像的某个区域进行保护，在运用蒙版处理图像时不会对图像进行破坏。如图 2-24 所示，使用蒙版选取模型时一般是结合通道来制作蒙版的。在快速蒙版状态下可以通过画笔工具、橡皮擦工具或选区工具来增加或减少蒙版范围。在图层蒙版中，蒙版可以将该图层中的局部区域进行隐藏，但不会对图层中的图像进行破坏，如图 2-25 所示。

在 Photoshop 中，蒙版的作用就是用来遮盖图像的，这一点从蒙版的概念中也能体现出来。与 Alpha 通道相同的是，蒙版也使用黑、白、灰来标记。系统默认状态下，黑色区域用来遮盖图像，白色区域用来显示图像，而灰色区域则表现出图像若隐若现的效果。

图 2-24　石灯的蒙版

除了快速蒙版之外，Photoshop 软件中还有一种图层蒙版，可以控制当前图层中的不同区域如何被隐藏或显示。通过修改图层蒙版，可以制作各种特殊效果，而实际上并不会影响该图层上的像素。

图 2-25　图层蒙版

图层蒙版只以灰度显示，其中白色部分对应的该层图像内容完全显示，黑色部分对应的该层图像内容完全隐藏，中间灰度对应的该层图像内容产生相应的透明效果。另外，图像的背景层是不可以加入图层蒙版的。

2.3　像素尺寸与打印图像分辨率

像素尺寸是指图像的宽度和高度的总像素数。分辨率是指位图图像中的细节精细度，测量单位是像素/英寸(ppi)。每英寸的像素数越多，分辨率就越高。一般来说，图像的分辨率越高，得到的印刷图像的质量就越好，如图 2-26 所示。

图 2-26 中，两幅相同的图像，分辨率分别为 72ppi 和 300ppi，套印缩放比率为 200%。

除非对图像进行重新取样，否则当更改像素尺寸或分辨率时，图像的数据量将保持不变。例如，如果更改文件的分辨率，则会相应地更改文件的宽度和高度，以便使图像的数据量保持不变。

图 2-26　图像效果

但是，在处理图片时经常需要修改文件大小及分辨率，以满足设计的具体要求。那么又如何修改文件大小及分辨率呢？方法如下。

动手操作——修改文件大小及分辨率

❶ 按 Ctrl+O 组合键，打开随书配套光盘中的"素材"\"第 2 章"\"建筑围墙 .tif"文件，如图 2-27 所示。

❷ 在菜单栏中选择"图像｜图像大小"命令，弹出如图 2-28 所示的"图像大小"对话框。

图 2-27　打开的文件　　　　　　　　图 2-28　"图像大小"对话框

❸ 设置"分辨率"为"150 像素 / 英寸"，在"宽度 / 高度"右侧的单位下拉列表框中选择"百分比"选项，设置"宽度"和"高度"为 1000，此时面板上方将显示"图像大小：247.2M(之前为 2.47M)"，如图 2-29 所示。

④ 单击"确定"按钮，结果如图 2-30 所示。

图 2-29　修改后的"图像大小"对话框

图 2-30　修改文件大小后的效果

需要注意的是，这样修改完后，虽然图像的尺寸变大了，但是图像的清晰度不是很好，所以，如果想得到清晰度很高的图片，原图的尺寸或者分辨率必须很高才可以。

2.4　提高 Photoshop 的工作效率

下面通过一些设置来提高制图的工作效率。

2.4.1　优化工作界面

运行 Photoshop 界面，首先我们看到的是图像窗口和一些标准的工具及面板命令等，如图 2-31 所示。

图 2-31　Photoshop 工作界面

将一些不需要的面板拖曳出来并关闭，如图 2-32 所示，将常用的面板放置到右侧的一列中，这样可以减少占用的制图空间。

图 2-32　拖曳出面板

如果在以后的制作中需要打开关闭掉的面板时，可以在"窗口"菜单中完成。

如果一次打开多个文件，可以使用"窗口 | 排列"命令根据情况选择文件的排列样式，如图 2-33 所示，排列的窗口如图 2-34 所示。

图 2-33　排列窗口命令

图 2-34　排列的窗口

另一种优化工作界面的方法就是工具箱中的屏幕模式。

- <img>（标准屏幕模式）按钮：标准屏幕模式可以显示菜单栏、标题栏、滚动条和其他屏幕元素。
- <img>（带有菜单栏的全屏模式）按钮：带有菜单栏的全屏模式可以显示菜单栏、50%的灰色背景、无标题栏和滚动条的全屏窗口。
- <img>（全屏模式）按钮：全屏模式只显示黑色背景和图像窗口。如果要退出全屏模式，可以按 Esc 键。如果按 Tab 键，将切换到带有面板的全屏模式。这种模式是最为简洁的模式，只有掌握了各种命令和工具的快捷键后才可以驾驭。

2.4.2　文件的快速切换

在 Photoshop 中如果打开多个文件，打开的这些文件都在一个窗口中，如图 2-35 所示。在这种情况下要想切换到别的文件，可以单击文档窗口右上角的 >> 扩展箭头，在弹出的文件名称中进行选择，如图 2-36 所示。

图 2-35　打开的多个窗口

图 2-36　切换窗口菜单

切换文件的快捷键为 Ctrl+Tab。

2.4.3　其他优化设置

下面介绍如何设置缓存、历史记录等首选项。

在菜单栏中选择"编辑｜首选项｜暂存盘"命令，在弹出的"首选项"对话框中设置暂存盘，这里我们选择 C 和 D 盘符，这样可以避免因为一个缓存盘的空间不够而停止工作，如图 2-37 所示。

选择"文件处理"选项，在右侧的界面中可以设置"自动存储恢复信息的间隔"和近期文件列表包含多少个文件，从中可以设置恢复、存储时间和打开文件中的最近文件个数，如图 2-38 所示。

选择"工具"选项，在右侧的界面中选中"用滚轮缩放"复选框，这样在制作中就不用切换到放大镜工具和输入数据来调整窗口效果的大小了，直接用滚轴缩放来调整即可，如图 2-39 所示。

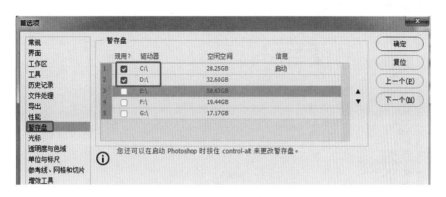

图 2-37 设置暂存盘

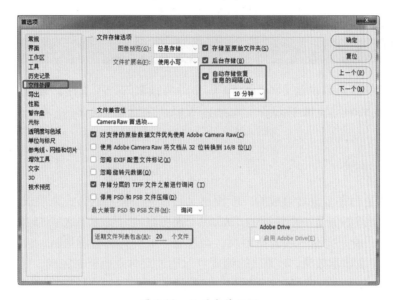

图 2-38 设置文件处理

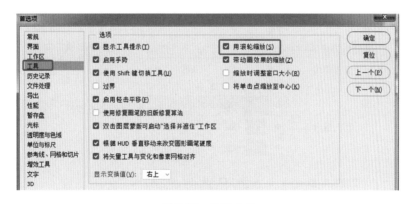

图 2-39 设置工具

选择"工作区"选项，在右侧的界面中选中"自动折叠图标面板"复选框，这样在不使用面板的时候将自动折叠起来，方便处理图像，如图 2-40 所示。

可以看一下其他的首选项设置，根据自己的情况来设置一个方便制作的首选项快捷模式。

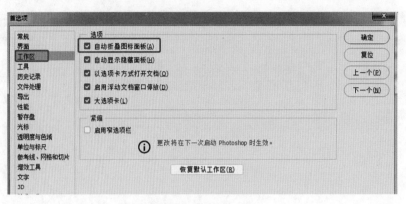

图 2-40　设置工作区

2.5　图层

对图层进行操作可以说是 Photoshop CC 中最为频繁的一项工作。通过建立图层，然后在各个图层中分别编辑图像中的各个元素，可以产生既富有层次，又彼此关联的整体图像效果。

2.5.1　图层概述

每个图层都是由许多像素组成的，而图层又通过上下叠加的方式来组成整个图像。打个比方，每一个图层就好似是一个透明的"玻璃"，而图层内容就画在这些"玻璃"上，如果"玻璃"什么都没有，就是完全透明的空图层，当各层"玻璃"都有图像时，自上而下俯视所有图层，从而形成图像显示效果，对图层的编辑可以通过菜单或面板来完成。"图层"存放在"图层"面板中，其中包含当前图层、文字图层、背景图层、智能对象图层等。在菜单栏中选择"窗口｜图层"命令，即可打开"图层"面板，如图 2-41 所示。

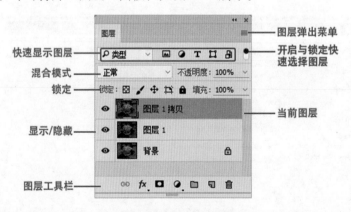

图 2-41　"图层"面板

- 图层弹出菜单：单击此按钮可以弹出"图层"面板的编辑菜单，用于图层中的编辑操作。
- 快速显示图层：对多图层文档中的特色图层进行快速显示，在下拉列表中包含类型、名称、效果、模式、属性和颜色。选择某项命令时，在右侧会出现与之对应的选项，例如选择"类型"时，在右侧会出现"显示调整图层内容""显示文字图层""显示路径"等。

- 开启与锁定快速选择图层：滑块到上面时将激活快速选择图层功能，滑块到下面时会关闭此功能，使面板恢复老版本图层面板的功能。
- 混合模式：用来设置当前图层中的图像与下面图层中图像的混合效果。
- 不透明度：用来设置当前图层的透明程度。
- 锁定：包含锁定透明像素、锁定图像像素、锁定位置和锁定全部等功能。
- 图层的显示 / 隐藏：单击眼睛图标即可将图层在显示与隐藏之间转换。
- ∞（链接图层）按钮：可以将选中的多个图层进行链接。
- *fx*.（添加图层样式）按钮：单击此按钮弹出"图层样式"下拉列表，在其中可以选择相应的样式。
- □（添加图层蒙版）按钮：单击此按钮可为当前图层创建一个蒙版。
- ◑.（创建新的填充或调整图层）按钮：单击此按钮，在下拉列表中可以选择相应的填充或调整命令，之后可以在"调整"面板中进行进一步的编辑。
- □（创建新组）按钮：单击此按钮会在"图层"面板中新建一个用于放置图层的组。
- ☜（创建新图层）按钮：单击此按钮会在"图层"面板中新建一个空白图层。
- 🗑（删除图层）按钮：单击此按钮可以将当前图层从"图层"面板中删除。

2.5.2　图层的混合模式

当两个图层重叠时，通常默认状态为"正常"，同时Photoshop 也提供了多种不同的色彩混合模式，适当地更改混合模式会使用户的图像得到意想不到的效果。

混合模式得到的结果与图层的明暗色彩有直接的关系，因此混合模式必须根据图层的自身特点灵活运用。在"图层"面板的左上角单击下拉列表框，在弹出的下拉列表中可以选择各种图层混合模式，如图 2-42 所示。

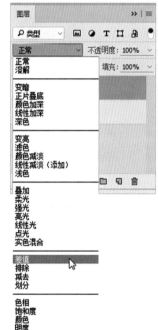

图 2-42　图层混合模式菜单

2.5.3　图层属性

单击"图层"面板右上角的▤按钮，在弹出的下拉菜单中选择"图层属性"命令，或选择"图层｜图层属性"命令，在弹出的对话框中可以设置图层的名称和显示颜色。

2.5.4　图层操作

下面介绍图层的基本操作。

1. 新增图层

新增图层指的是在原有图层或图像上新建一个图层，在"图层"面板中新增图层的方法可分为以下 3 种：

- 在"图层"面板中单击 ▢（创建新图层）按钮，在"图层"面板中就会新创建一个图层，如图 2-43 所示。
- 在"图层"面板中拖动当前图层到 ▢（创建新图层）按钮上，即可得到该图层的拷贝，如图 2-44 所示。
- 使用 ✛（移动工具）拖动图像或选区内的图像到另一个文档中时，会新建一个图层。

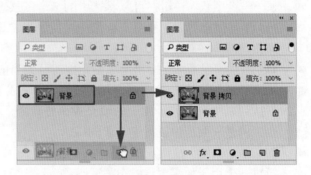

图 2-43　新建图层　　　　　　　　图 2-44　复制图层

2. 使用菜单新增图层

(1) 新建图层。

在菜单栏中选择"图层│新建│图层"命令或按 Shift+Ctrl+N 组合键，可以打开如图 2-45 所示的"新建图层"对话框。

在"新建图层"对话框中可以设置图层的名称、颜色、模式和不透明度等属性。

(2) 直接复制图层。

在菜单栏中选择"图层│复制图层"命令，打开如图 2-46 所示的"复制图层"对话框，可以从中命名复制图层的名称和目标文档。

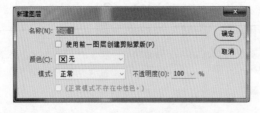

图 2-45　"新建图层"对话框　　　　　图 2-46　复制图层对话框

　　在菜单栏中选择"图层│新建│通过复制的图层"命令或按 Ctrl+J 组合键，可以快速将当前图层中的图像复制到新图层中。

3. 显示与隐藏图层

显示与隐藏图层可以将被选择图层中的图像在文档中进行显示与隐藏。在"图层"面板中单击 👁 图标即可将图层在显示与隐藏之间转换。

4. 选择图层并移动图像

使用鼠标在"图层"面板中单击选择需要的图层，即可选择图层并将其变为当前工作图层。再使用工具箱中的 ⊕.（移动工具）在效果图中移动图像，如图 2-47 所示。

图 2-47　选择图层并移动对象

 提示

按住 Ctrl 键或 Shift 键在面板中单击不同图层，可以选择多个图层。

选择 ⊕.（移动工具），在工具选项栏中设置"自动选择图层"功能后，在图像上单击，即可将该图像对应的图层选取，如图 2-48 所示。

图 2-48　设置移动的选项

5. 调整图层顺序

更改图层堆叠顺序指的是在"图层"面板中更改图层之间的上下顺序，更改方法如下：

● 在菜单栏中选择"图层 | 排列"命令，在弹出的子菜单中选择相应命令就可以改变图层的顺序。

● 在"图层"面板中拖动当前图层到该图层的上面或下面的缝隙处，鼠标光标会变成小手状，松开鼠标即可更改图层顺序，如图 2-49 所示。

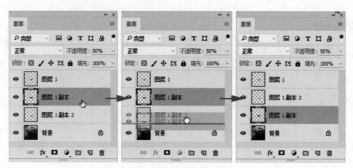

图 2-49   调整图层顺序

6. 链接图层

链接图层可以将两个以上的图层链接到一起，链接的图层可以一同移动或变换。链接方法是在"图层"面板中按住 Ctrl 键，单击要连接的图层，将其选中后，单击"图层"面板中的 ∞（链接图层）按钮，此时在面板中的链接图层中会出现 ∞ 链接符号，如图 2-50 所示。

7. 锁定图层

在"图层"面板中选择图层后，单击面板中的锁定按钮即可将当前选取的图层锁定，这样做的好处是编辑图像时会对锁定的区域进行保护。

(1) 锁定快速查找功能。

在"图层"面板中单击"锁定快速查找功能"按钮，当变为 ● 图标时，表示取消快速查找图层功能；当变为 ● 图标时，表示启用快速查找图层功能。

(2) 锁定透明区域。

图层透明区域将会被锁定，此时图层中的图像部分可以移动并可以对其进行编辑，例如使用画笔在图层上绘制时只能在有图像的地方绘制，透明区域是不能使用画笔的，如图 2-51 所示。

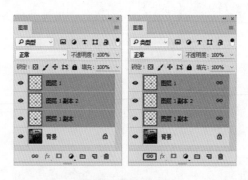

图 2-50   链接图层

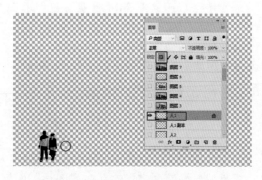

图 2-51   锁定透明区域

(3) 锁定图像像素。

图层内的图像可以被移动和变换，但是不能对该图层进行调整或应用滤镜。

(4) 锁定位置。

图层内的图像是不能移动的，但是可以对该图层进行编辑。

(5) 锁定全部。

用来锁定图层的全部内容，使其不能进行操作。

8. 删除图层

删除图层指的是将选择的图层从"图层"面板中清除，在"图层"面板中拖动选择的图层到 🗑（删除）按钮上，即可将其删除。

当面板中存在隐藏图层时，在菜单栏中选择"图层｜删除｜隐藏图层"命令，即可将隐藏的图层删除。

9. 合并图层

(1) 拼合图像。

拼合图像可以将多图层图像以可见图层的模式合并为一个图层，被隐藏的图层会被删除，在菜单栏中选择"图层｜拼合图像"命令，可以弹出如图 2-52 所示的警告提示框，单击"确定"按钮，即可完成拼合。

(2) 向下合并图层。

向下合并图层可以将当前图层与下面的一个图层合并，在菜单栏中选择"图层｜合并图层"命令或按 Ctrl+E 组合键，即可完成当前图层与下一图层的合并。

(3) 合并所有可见图层。

合并所有可见图层可以将面板中显示的图层合并为一个单一图层，隐藏图层不被删除，在菜单栏中选择"图层｜合并可见图层"命令或按 Shift+Ctrl+E 快捷键，即可将显示的图层合并。

(4) 合并选择的图层。

合并选择的图层可以将面板中被选择的图层合并为一个图层，方法是选择两个以上的图层后，在菜单栏中选择"图层｜合并图层"命令或按 Ctrl+E 快捷键，即可将选择的图层合并为一个图层。

(5) 盖印图层。

盖印图层可以将面板中显示的图层合并到一个新图层中，原来的图层还存在。按 Ctrl+Shift+Alt+E 快捷键，即可将文件执行盖印功能，如图 2-53 所示。

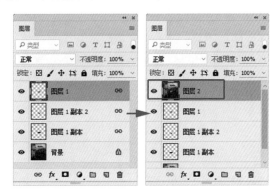

图 2-52　是否扔掉隐藏图层　　　　　　图 2-53　盖印图层

(6) 盖印选择的图层。

盖印选择的图层可以将选择的多个图层盖印一个合并图层，原图层还会存在，按 Ctrl+Alt+E 快捷键，即可将选择的图层盖印一个合并后的图层。

(7) 合并图层组。

合并图层组可以将组中的图像合并为一个图层。在"图层"面板中选择图层组后，在菜单栏中选择"图层｜合并组"命令，即可将图层组中的所有图层合并为一个单独图层。

2.5.5 图层蒙版

图层蒙版可以理解为在当前图层上面覆盖一层玻璃片，这种玻璃片有透明和黑色不透明两种，前者显示全部图像，后者隐藏部分图像。可以用各种绘图工具在蒙版上（即玻璃片上）涂色（只能涂黑、白、灰色），涂黑色的地方蒙版变为不透明，看不见当前图层的图像；涂白色则使涂色部分变为透明，可看到当前图层上的图像；涂灰色使蒙版变为半透明，透明的程度由涂色的深浅决定。

(1) 创建图层蒙版。

图像中存在选区时，单击 ▣（添加图层蒙版）按钮，可以在选区内创建透明蒙版，在选区以外创建不透明蒙版；按住 Alt 键单击 ▣（添加图层蒙版）按钮，可以在选区内创建不透明蒙版，在选区以外创建透明蒙版。

(2) 显示与隐藏图层蒙版。

创建蒙版后，可以通过显示与隐藏图层蒙版的方法对整体图像进行预览。操作方法是在菜单栏中选择"图层｜蒙版｜停用"命令，或在蒙版缩略图上单击右键，在弹出的快捷菜单中选择"停用图层蒙版"命令，此时在蒙版缩略图上会出现一个红叉，表示此蒙版应用被停用。再在菜单栏中选择"图层｜蒙版｜启用"命令，或在蒙版缩略图上单击右键，在弹出的快捷菜单中选择"启用图层蒙版"命令，即可重新启用蒙版效果。

(3) 删除图层蒙版。

删除蒙版指的是将添加的图层蒙版从图像中删掉。操作方法是在菜单栏中选择"图层｜蒙版｜删除"命令，即可将当前应用的蒙版效果从图层中删除，图像恢复原来的效果。

拖动蒙版缩略图到"删除"按钮上，系统会弹出如图 2-54 所示的提示框，单击 🗑（删除）按钮即可将图层蒙版从图像中删除；单击"应用"按钮可以将蒙版与图像合为一体；单击"取消"按钮将不参与操作。

(4) 应用图层蒙版。

应用图层蒙版指的是将创建的图层蒙版与图像合为一体。操作方法是创建蒙版后，在菜单栏中选择"图层｜图层蒙版｜应用"命令，可以将当前应用的蒙版效果直接与图像合并，如图 2-55 所示。

图 2-54　删除图层蒙版

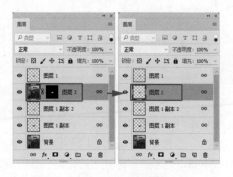

图 2-55　应用图层蒙版

(5) "属性"面板。

当选择"蒙版"缩略图时，"属性"面板中会显示关于"蒙版"的参数设置，可以对创建的图层蒙版进行更加细致的调整，使图像合成更加细腻，图像处理更加方便。创建蒙版后，在菜单栏中选择"窗口｜属性"命令，即可打开如图 2-56 所示的"属性"面板。

- ◻ （创建蒙版）按钮：用来为图像创建蒙版或在蒙版与图像之间进行选择。
- ◻ （创建矢量蒙版）按钮：用来为图像创建矢量蒙版或在矢量蒙版与图像之间进行选择。图像中不存在矢量蒙版时，只要单击该按钮，即可在该图层中新建一个矢量蒙版。
- 浓度：用来设置蒙版中黑色区域的透明程度，数值越大，蒙版缩略图中的颜色越接近黑色，蒙版区域也就越透明。
- 羽化：用来设置蒙版边缘的柔和程度，与选区羽化类似。
- 颜色范围：用来重新设置蒙版的效果，单击即可打开"色彩范围"对话框。
- 反相：单击该按钮，可以使蒙版中的黑色与白色进行对换。
- ▦ （创建选区）按钮：单击该按钮，可以从创建的蒙版中生成选区，被生成选区的部分是蒙版中的白色部分。
- ◈ （应用蒙版）按钮：单击该按钮，可以将蒙版与图像合并，效果与在菜单栏中选择"图层｜图层蒙版｜应用蒙版"命令一致。
- ◉ （启用与停用蒙版）按钮：单击该按钮可以将蒙版在显示与隐藏之间转换。
- 🗑 （删除蒙版）按钮：单击该按钮可以将选择的蒙版缩略图从"图层"面板中删除。

图 2-56 蒙版"属性"面板

2.6 将图像导入 Photoshop

在菜单栏中选择"文件｜打开"命令或按 Ctrl+O 组合键，在弹出的对话框中选择需要打开的文件，接着单击"打开"按钮即可打开文件。在查找范围中可以设置打开文件的路径；在"文件类型"中可以筛选需要打开文件的类型，默认为"所有格式"，如图 2-57 所示。

图 2-57 打开图像

  另外，Photoshop 可以记录最近使用过的 10 个文件，执行"文件｜最近打开文件"菜单命令，在其下拉菜单中单击文件名即可将其在 Photoshop 中打开，执行底部的"清除最近"命令可以删除历史打开记录，但是首次启动 Photoshop 时，或者在运行 Photoshop 期间已经执行过"清除最近"命令，都会导致"最近打开文件"命令处于灰色不可用状态。

  选择一个需要打开的文件，右击，在弹出的快捷菜单中选择"打开方式 ｜ Adobe Photoshop CC"命令，可以使用 Photoshop CC 快速打开该文件。选择一个需要打开的文件，然后将其拖曳到 Photoshop CC 的应用程序图标上即可快速打开文件。

2.7　小结

  本章主要介绍了 Photoshop CC 的工作界面、图像的类型和格式，并详细介绍了与图层相关的内容。图层是 Photoshop 中一项重要的内容，各种素材和效果可以通过图层来辅助调整和制作，希望读者通过对本章的学习可以熟练掌握图层的使用。

第 3 章
常用的工具和命令

本章介绍 Photoshop CC 中常用的工具和命令，其中主要介绍如何使用工具抠取素材图像，以及常用的移动工具、缩放工具、编辑工具、渐变工具、色彩调整命令等的应用。

3.1　选区的创建和使用

　　Photoshop 处理图像的核心技术就是如何选择要处理的图像区域。Photoshop 从某种意义上讲其实就是一种选择的艺术，因为该软件本身是一个二维平面处理软件，它的处理对象是区域，选择区域是对图片进行修改的前提。

　　在效果图后期处理中对配景素材的需求量很大，所以熟练运用选择工具就成为基本功。Photoshop 建立选区的方法非常丰富和灵活，根据各种选择工具的选择原理，大致可以分为以下几类：

- 圈地式选择工具。
- 颜色选择工具。
- 路径选择工具。

　　如图 3-1 所示的建筑图像结构简单、轮廓清晰，因此适合运用圈地式选择工具进行选取。图 3-2 所示的树木图像边缘复杂且不规则，但背景颜色比较单一，因此适合运用颜色选择工具进行选取。如图 3-3 所示的汽车图像背景复杂，但边缘由圆滑的曲线组成，因此比较适合运用路径工具进行选取。

图 3-1　结构简单的建筑　　　图 3-2　背景颜色单一图像　　　图 3-3　圆滑边界汽车

3.1.1　圈地式选择工具

　　所谓圈地式选择工具是指可以直接勾画出选择范围的工具，这也是 Photoshop 创建选区最基本的方法，这类工具包括选框工具和套索工具，如图 3-4 和图 3-5 所示。

图 3-4　选框工具　　　　　　图 3-5　套索工具

1. 选框工具

选框工具适合选择矩形、圆形等比较规范的选区，如图 3-6 所示，而用户在效果图后期处理中选择的配景一般都是不规范的，因此该类工具用得很少。

矩形选框工具　　　　　　　　椭圆选框工具

图 3-6　使用选框工具建立的选区

由图 3-6 可以看出，选区建立后，选区的边界就会出现不断闪烁的虚线，以便用户区分选中与未选中的区域，该虚线被称为"蚂蚁线"。

各选框工具的选项栏相同，以▣（矩形选框工具）的选项栏来介绍，如图 3-7 所示。

图 3-7　选框工具的选项栏

- ▢（新选区）按钮：激活该按钮以后，可以创建一个新选区。如果已经存在选区，那么新创建的选区将替代原来的选区。
- ▣（添加到选区）按钮：激活该按钮以后，可以将当前创建的选区添加到原来的选区中（按住 Shift 键也可以实现相同的操作）。
- ▣（从选区减去）按钮：激活该按钮以后，可以将当前创建的选区从原来的选区中减去（按住 Alt 键也可以实现相同的操作）。
- ▣（与选区交叉）按钮：激活该按钮以后，新建选区时只保留原有选区与新创建选区相交的部分（按住 Alt+Shift 组合键也可以实现相同的操作）。
- 羽化：主要用来设置选区边缘的虚化程度。羽化值越大，虚化范围越宽；羽化值越小，虚化范围越窄。图 3-8 和图 3-9 所示为羽化数值分别为 0px 与 50px 时的边界效果。

图 3-8　羽化值为 0px 的效果

图 3-9　羽化值为 50px 的效果

当 Photoshop 弹出一个警告对话框提醒羽化后的选区将不可见（选区仍然存在）时，表明当前设置的羽化像素大于选区的像素范围，那么这是无效的。此时，用户要么建立大一些的选区，要么设置小的羽化值。

- 消除锯齿：矩形选框工具的"消除锯齿"选项是不可用的，因为矩形选框没有不平滑效果，只有在使用椭圆选框工具时，"消除锯齿"选项才可用。
- 样式：用来设置矩形选区的创建方法。
- 调整边缘：与执行"选择｜调整边缘"命令相同，单击该按钮可以打开"调整边缘"对话框，在该对话框中可以对选区进行"平滑""羽化"等处理。

制作椭圆选区和正圆选区可以使用 ○（椭圆选框工具），按住 Shift 键可以创建正圆选区。○（椭圆选框工具）的选项栏与 □（矩形选框工具）的选项栏基本相同，这里就不重复介绍了。

创建高度或宽度为 1 像素的选区时，可以使用 ━━（单行选框工具）和 ▮▮（单列选框工具），这两种工具常用来制作网格效果，其选项栏参考 □（矩形选框工具）的选项栏即可。

2. 套索工具

套索工具有 3 种：○（套索工具）、◇（多边形套索工具）和 ◇（磁性套索工具）。

使用 ○（套索工具）选择选区时要一气呵成，如图 3-10 所示。从图中可以看出，套索工具建立的选区非常不规则，同时也不易控制，因而只能用于对选区边缘没有严格要求的配景选择中。

图 3-10　使用套索工具建立的选区

◇（多边形套索工具）采用多边形圈地的方式来选择对象，可以轻松控制鼠标。由于它所拖出的轮廓都是直线，因而常用来选中边界较为复杂的多边形对象或区域，如图 3-11 所示。在实际工作中，多边形套索工具应用较广。而 ◇（磁性套索工具）特别适合用于选择边缘与背景对比强烈的图像。

图 3-11　使用多边形套索工具建立的选区

按住 Shift 键的同时拖动鼠标可进行水平、垂直或 45°方向的选择。

套索工具的选项栏和选框工具的选项栏基本相同，相同的工具和命令可以参考矩形选框工具的介绍。下面介绍 ▶（磁性套索工具）的选项栏中不同的选项，如图 3-12 所示。

图 3-12　磁性套索工具的选项栏

● 对比度：该选项主要用来设置磁性套索工具感应图像边缘的灵敏度。如果对象的边缘比较清晰，可以将该值设置得高一些；如果对象的边缘比较模糊，可以将该值设置得低一些。

● 频率：在使用磁性套索工具勾画选区时，Photoshop 会生成很多锚点，"频率"选项用来设置锚点的数量。数值越高，生成的锚点越多，捕捉到的边缘越准确，但是可能会造成选区不够平滑。图 3-13 和图 3-14 所示分别是"频率"为 10 和 100 时生成的锚点。

图 3-13　频率为 10 的套索锚点　　　　图 3-14　频率为 100 的套索锚点

● ✍（钢笔压力）按钮：如果计算机配有数位板和压感笔，则可以激活该按钮，Photoshop 会根据压感笔的压力自动调节 ▶（磁性套索工具）的检测范围。

3.1.2　颜色选择工具

颜色选择工具根据颜色的反差来选择对象。当选择的对象或选择对象的背景颜色比较单一时，使用颜色选择工具会比较方便。

Photoshop 提供了两种颜色选择工具，分别是工具箱中的 ✦（魔棒工具）和 ✦（快速选择工具）。

1. 魔棒工具

✦（魔棒工具）是根据图像的颜色进行选择的工具，它能够选取图像中颜色相同或相近的区域，选取时只需在颜色相近区域单击即可。

使用 ✦（魔棒工具）时，通过工具选项栏可以设置选取的容差、范围和图层，如图 3-15 所示。

图 3-15　魔棒工具选项栏

- 容差：在此文本框中输入 0 ~ 255 的数值来确定选取的颜色范围。其值越小，选取的颜色范围与鼠标单击位置的颜色越相近，同时选取的范围也越小；反之，选取的范围则越大，如图 3-16 所示。

图 3-16　不同容差值的选取结果

- 消除锯齿：选中该复选框，可以消除选区的锯齿边缘。
- 连续：选中该复选框，在选取时仅选取位置相邻且颜色相近的区域。否则，会选取整幅图像中所有颜色相近的区域，而不管这些区域是否相连，如图 3-17 所示。

图 3-17　"连续"选项对选区的影响

2. 快速选择工具

　　(快速选择工具)是 Photoshop 新增的一种工具。在使用该工具选择时，能够快速选择多个颜色相似的区域。该工具的引入，使复杂选区的创建变得简单和轻松。

　　在选择人物图像时，人物的衣服、头发等有多种颜色，而且颜色的层次变化也很丰富，因此不能直接使用　(魔棒工具)选择，而使用　(快速选择工具)就可以轻松地选取人物，如图 3-18 所示。

图 3-18　快速选择结果

（快速选择工具）的选项栏如图 3-19 所示。

图 3-19 快速选择工具的选项栏

- 选区运算按钮：激活 （新选区）按钮，可以创建一个新的选区；激活 （添加到选区）按钮，可以在原有选区的基础上添加新创建的选区；激活 （从选区减去）按钮，可以在原有选区的基础上减去当前绘制的选区。

-  "画笔"选取器：单击倒三角按钮，可以在弹出的"画笔"选取器中设置画笔的大小、硬度、间距、角度以及圆度。在绘制选区的过程中，可以按] 键和 [键增大或减小画笔的大小。

- 对所有图层取样：如果选中该复选框，Photoshop 会根据所有图层建立选取范围，而不是只针对当前图层。

- 自动增强：降低选取范围边界的粗糙度与区块感。

3. "色彩范围"命令

"色彩范围"命令与 （魔棒工具）相似，但是该命令提供了更多的控制选项，因此该命令的选择精度也要高一些，使用该命令可根据图像的颜色范围创建选区。需要注意的是，"色彩范围"命令不可用于 32 位 / 通道的图像。

使用"色彩范围"命令选择图像中的白色区域，如图 3-20 所示。

图 3-20 选择色彩范围

- 选择：用来设置选区的创建方式。选择"取样颜色"选项时，光标会变成吸管  形状，将光标放置在画布中的图像上，或在"色彩范围"对话框中的预览图像上单击，可以对颜色进行取样；如果要添加取样颜色，可以单击 （添加到取样）按钮，然后在预览图像上单击，以取样其他颜色；如果要减去取样颜色，可以单击 （从取样中减去）按钮，然后在预览图像上单击，以减去其他取样颜色。选择"红色""黄色""绿色""青色"等选项时，可以选择图像中特定的颜色。选择"高光""中间调"和"阴影"选项时，可以选择图像中特定的色调。选择"溢色"选项时，可以选择图像中出现的溢色。

- 本地化颜色簇：选中"本地化颜色簇"复选框后，拖曳"范围"滑块，可以控制要包含在蒙版中的颜色与取样点的最大和最小距离。

- 颜色容差：用来控制颜色的选择范围。数值越高，包含的颜色越多；数值越低，包含的颜色越少。
- 选区预览图：包含"选择范围"和"图像"两个选项。当选中"选择范围"单选按钮时，预览区域中的白色代表被选择的区域，黑色代表未选择的区域，灰色代表被部分选择的区域（即有羽化效果的区域）；当选中"图像"单选按钮时，预览区内会显示彩色图像。
- 选区预览：用来设置文档窗口中选区的预览方式。
- 存储／载入：单击"存储"按钮，可以将当前的设置状态保存为选区预设；单击"载入"按钮，可以载入存储的选区预设文件。
- 反相：将选区进行反转。也就是说创建选区后，相当于执行菜单栏中的"选择｜反向"命令。

3.1.3 路径选择工具

路径选择工具用创建路径转换为选区的方法选择对象。因为路径可以非常光滑，而且可以反复调节各锚点的位置和曲线的形态，因此非常适合建立轮廓复杂而边界要求极为光滑的选区，如人物、汽车等。

Photoshop 有一整套的路径创建和编辑工具，如图 3-21 所示。

图 3-21　路径创建、编辑和选择工具

在第 2 章中介绍了什么是路径，具体的参数命令和工具的介绍可以参考 2.2.6 节内容。

动手操作——练习钢笔工具

① 在菜单栏中选择"文件｜打开"命令，打开随书配套光盘中的"素材"\"第 3 章"\"汽车 .tif"文件，如图 3-22 所示。

② 选择 ∅（钢笔工具），然后勾选汽车的轮廓，在此可以通过间隔单击的方式来进行勾选，如图 3-23 所示。

③ 选择 ▸（直接选择工具），可以将图像中位置不合适的锚点调整到合适的位置，如图 3-24 所示。

④ 使用同样的方法，把其他位置不理想的锚点逐个调整到合适的位置，效果如图 3-25 所示。

⑤ 选择 ▸（转换点工具），单击一个锚点并拖动鼠标，此时发现会有如图 3-26 所示的手柄出现，随着鼠标的移动，锚点两端的路径也相应变化。释放鼠标，单击其中一侧的手柄，

然后拖曳鼠标进行调整，被拖曳手柄一侧的路径将发生变化。如果想改变锚点位置，可以将路径工具栏中的 （转换点工具）按钮切换为 （路径选择工具）按钮。

图 3-22　打开的图像文件

图 3-23　选定汽车的轮廓

图 3-24　调整锚点的位置

图 3-25　调整各个锚点的位置

图 3-26　调整锚点处的圆滑度

当调整曲线时，有时会发现锚点的数量不能满足修改的需要，这时使用工具箱中的 （添加锚点工具）和 （删除锚点工具）在线段处添加或删除锚点就可以了。

⑥ 将路径调整至如图 3-27 所示的形状。

⑦ 单击"路径"面板底部的 （将路径作为选区载入）按钮，将路径转换为选区。

⑧ 按 Ctrl+J 组合键将选择的图像复制到新的图层中，将"背景"图层隐藏，如图 3-28 所示。

⑨ 将调整后的文件另存为"汽车 .psd"文件。

图 3-27　确定后的汽车轮廓

图 3-28　选择的汽车效果

由于路径是矢量线条，不能被直接运用，因此应将其转换为选区。

3.2　图像编辑工具的使用

Photoshop 中的图像编辑工具有很多种，主要包括图章工具、橡皮擦工具、加深和减淡工具、修复画笔工具、裁切工具以及渐变工具等。

3.2.1　图章工具

图章工具在效果图的后期处理中是应用最为广泛的一种工具，主要用于复制图像，以修补局部图像的不足。图章工具包括 ▲(仿制图章工具)和 ▲(图案图章工具)两种，在建筑表现中使用较多的是 ▲(仿制图章工具)。

选择 ▲(仿制图章工具)，在选项栏中选择合适的笔头，如图 3-29 所示，按住 Alt 键，在图像中单击鼠标左键选取一个采样点，然后在图像的其他位置拖曳鼠标，就可以复制图像，将残缺的图像修补完整了。如图 3-30 所示为修补前后的对比效果。

图 3-29　选择合适的画笔

- 画笔列表：从中选择仿制图章以什么样的画笔笔触对图像进行修复。
- ⊡(切换画笔面板)按钮：打开或关闭"画笔"面板。
- ⊡(切换仿制源面板)按钮：打开或关闭"仿制源"面板。
- 模式：与图层模式相同，设置修补的图像的混合模式。
- 不透明度：设置修复画笔的不透明度。

- 流量：控制混合画笔的流量大小。
- 对齐：选中该复选框后，可以连续对像素进行取样，即使释放鼠标，也不会丢失当前的取样点。如果取消选中"对齐"复选框，则会在每次停止并重新开始绘制时使用初始取样点中的样本像素。
- 样本：从指定的图层中进行数据取样。

图 3-30　用图章工具修复图像的前后对比效果

3.2.2　橡皮擦工具

Photoshop 提供了 3 种橡皮擦工具，包括 ✎（橡皮擦工具）、✎（背景橡皮擦工具）和 ✎（魔术橡皮擦工具），最常用的是 ✎（橡皮擦工具）。如图 3-31 所示为图像擦除前后的对比效果。

在效果图场景中添加配景时，若加入的配景与场景衔接得不自然，可以用工具箱中的 ✎（橡皮擦工具）对配景的边缘进行修饰。

图 3-31　图像擦除前后的对比效果

在工具选项栏中可以设置橡皮擦的属性，如图 3-32 所示。

图 3-32　橡皮擦工具的选项栏

- 模式：选择橡皮擦的种类。选择"画笔"选项时，可以创建柔边擦除效果；选择"铅笔"选项时，可以创建硬边擦除效果；选择"块"选项时，擦除的效果为块状。
- 不透明度：用来设置 ✎（橡皮擦工具）的擦除强度。设置为 100% 时，可以完全擦除像素。当"模式"设置为"块"时，该选项不可用。
- 抹到历史记录：选中该复选框后，✎（橡皮擦工具）的作用相当于 ✎（历史记录画笔工具）。

3.2.3 加深和减淡工具

使用 🔍（加深工具）和 🔍（减淡工具）可以轻松调整图像局部的明暗变化，使画面呈现丰富的变化。如图 3-33 所示为原始图像，如图 3-34 所示为使用加深工具后的效果。

图 3-33 原始效果图

图 3-34 加深图像后的效果

3.2.4 修复画笔工具

单击工具箱中的"修复画笔工具"按钮，即可激活这个工具。🖌️（修复画笔工具）与 🔳（仿制图章工具）功能相似之处就是可以修复图像的瑕疵，🖌️（修复画笔工具）也可以用图像中的像素作为样本进行绘制。不同的是，🖌️（修复画笔工具）还可将样本像素的纹理、光照、透明度和阴影与所修复的像素进行匹配，从而使修复后的像素不留痕迹地融入图像的其他部分，如图 3-35 和图 3-36 所示，其选项栏如图 3-37 所示。

图 3-35 原始效果图

图 3-36 修复后的图像

图 3-37 修复画笔工具的选项栏

● 源：设置用于修复像素的源。选中"取样"单选按钮时，可以使用当前图像的像素来修复图像；选中"图案"单选按钮时，可以使用某个图案作为取样点。

3.2.5 裁切工具

想要调整画面构图或去除多余边界时，可使用 Photoshop。因在 Photoshop 中可以使用多种方法对图像进行裁切。例如使用 🔳（裁剪工具）、"裁剪"命令和"裁切"命令都可以轻松去掉画面的多余部分，如图 3-38 和图 3-39 所示。

图 3-38　原始效果图

图 3-39　裁剪后的图像

注意

　　一般不建议直接对效果图进行裁剪，可以先用一个单色的矩形框将画面多余的部分遮住，调整好位置后再裁剪，将单色的矩形外框裁剪掉。

3.2.6　渐变工具

　　单击工具箱中的 ■.（渐变工具）按钮，弹出的选项栏如图 3-40 所示。该工具的应用非常广泛，不仅可以用来填充图层蒙版、快速蒙版和通道等，还可以填充图像。■.（渐变工具）可以在整个文档或选区内填充渐变色，并且可以创建多种颜色间的混合效果。

图 3-40　渐变工具的选项栏

● 渐变颜色条：显示了当前的渐变颜色，单击右侧的倒三角图标 ，可以打开"渐变"拾色器，如图 3-41 所示。如果直接单击渐变颜色条，则会弹出"渐变编辑器"对话框，在该对话框中可以编辑渐变颜色或者保存渐变等，如图 3-42 所示。

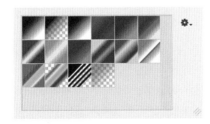

图 3-41　"渐变"拾色器

图 3-42　"渐变编辑器"对话框

● 渐变类型：激活 ■（线性渐变）按钮，可以以直线方式创建从起点到终点的渐变，如图 3-43 所示；激活 ■（径向渐变）按钮，可以以圆形方式创建从起点到终点的渐

变，如图 3-44 所示；激活█（角度渐变）按钮，可以围绕起点以逆时针扫描方式创建渐变，如图 3-45 所示；激活█（对称渐变）按钮，可以使用均衡的线性渐变在起点的任意一侧创建渐变，如图 3-46 所示；激活█（菱形渐变）按钮，可以以菱形方式从起点向外产生渐变，终点定义菱形的一个角，如图 3-47 所示。

图 3-43　线性渐变

图 3-44　径向渐变

图 3-45　角度渐变

图 3-46　对称渐变

- 模式：用来设置应用渐变时的混合模式。
- 不透明度：用来设置渐变色的不透明度。
- 反向：转换渐变中的颜色顺序，得到反方向的渐变结果。
- 仿色：选中该复选框时，可以使渐变效果更加平滑。主要用于防止打印时出现条带化现象，但在计算机屏幕上并不能明显地看出来。
- 透明区域：选中该复选框时，可以创建包含透明像素的渐变，如图 3-48 所示。

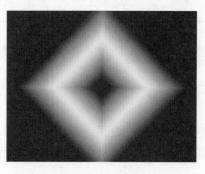
图 3-47　菱形渐变

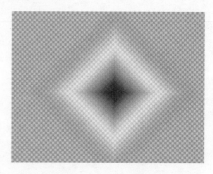
图 3-48　透明区域的渐变

提 示

在后期处理中,我们可以使用渐变工具,通过设置其不透明度来修饰天空的颜色;渐变最常用到的地方是遮罩,所以掌握渐变工具会给后期的制作带来更多的便利。

3.3 移动工具的使用

无论是在文档中移动图层、选区中的图像,还是将其他文档中的图像拖曳到当前文档,都需要用到 ⊕ (移动工具),如图 3-49 和图 3-50 所示。⊕ (移动工具)是最常用的工具之一,该工具位于工具箱的最顶端。图 3-51 所示是移动工具的选项栏,下面介绍常用的几种选项工具。

图 3-49　打开的效果图　　　　　　　图 3-50　移动人物

图 3-51　移动工具的选项栏

- 自动选择:如果文档中包含多个图层或图层组,可以在下拉列表中选择要移动的对象。如果选择"图层"选项,使用"移动工具"在画布中单击时,可以自动选择"移动工具"下面包含像素的最顶层的图层;如果选择"组"选项,在画布中单击时,可以自动选择"移动工具"下面包含像素的最顶层的图层所在的图层组。
- 显示变换控件:选中此项后,当选择一个图层时,就会在图层内容的周围显示定界框,可以拖曳控制点对图像进行变换操作。
- 对齐图层:同时选择两个或两个以上的图层时,单击相应的按钮可以将所选图层进行对齐。对齐方式包括 ▜ (顶对齐)、▐▌ (垂直居中对齐)、▙ (底对齐)、▐ (左对齐)、▟ (水平居中对齐)和 ▐ (右对齐)。
- 分布图层:如果选择 3 个或 3 个以上的图层,单击相应的按钮可以将所选图层按一定规则进行均匀分布排列。分布方式包括 ▀ (按顶分布)、▄ (垂直居中分布)、▄ (按底分布)、▐ (按左分布)、▐▌ (水平居中分布)和 ▐ (按右分布)。

3.4 变换工具的使用

处理图像的变换基本命令包括"旋转""缩放""扭曲""斜切"等。可以通过选择"编辑"菜单下的"自由变换"和"变换"命令,改变图像的形状。其中移动、旋转和缩放称为变换操作,

而"扭曲"和"斜切"称为变形操作。

3.4.1　变换

在"编辑│变换"菜单中提供了多种变换命令，如图3-52所示。这些命令可以分别对图层、路径、矢量图形以及选区中的图像进行相应的变换操作。另外，还可以对矢量蒙版和Alpha应用变换。图3-53、图3-54和图3-55所示分别为原图、放大与旋转的效果。

图 3-52　"变换"命令

图 3-53　原始图像

图 3-54　放大图像

图 3-55　旋转图像

- 缩放：使用此命令可以相对于变换对象的中心点对图像进行缩放。要对图像进行任意缩放，可以不按任何快捷键；要对图像进行等比例缩放时，要按住 Shift 键；对图像以中心点为基准进行等比例缩放时，要按住 Shift+Alt 组合键。

- 旋转：使用此命令可以围绕中心点转动变换对象。以任意角度旋转图像时，可以不按任何快捷键；以 15° 为单位旋转图像时，要按住 Shift 键。

- 斜切：在任意方向倾斜图像可以使用 "斜切" 命令。在任意方向倾斜图像时，可以不按任何快捷键；在垂直或水平方向倾斜图像时，要按住 Shift 键。

- 扭曲：在各个方向上伸展变换对象时可以使用此命令。在任意方向上扭曲图像时，可以不按任何快捷键；在垂直或水平方向扭曲图像时，要按住 Shift 键。

- 透视：对变换对象应用单点透视时可以使用此命令。在水平或垂直方向透视图像时，可以拖曳定界框 4 个角上的控制点。
- 变形：如果要对图像的局部内容进行扭曲，可以使用"变形"命令来操作。执行该命令时，图像上将会出现变形网格和锚点，拖曳锚点或调整锚点的方向线可以对图像进行更加自由和灵活的变形处理。
- 旋转 180 度 / 顺 / 逆时针旋转 90 度：这 3 个命令非常简单，执行"旋转 180 度"命令，可以将图像旋转 180 度；执行"顺时针旋转 90 度"命令可以将图像顺时针旋转 90 度；执行"逆时针旋转 90 度"命令可以将图像逆时针旋转 90 度。
- 水平 / 垂直翻转：将图像在水平方向上进行翻转可以执行"水平翻转"命令；将图像在垂直方向上进行翻转可以执行"垂直翻转"命令。

3.4.2 自由变换

在自由变换状态下，配合 Ctrl 键、Alt 键和 Shift 键使用可以快速达到某些变换目的。"自由变换"命令可以在一个连续的操作中实现旋转、缩放、斜切、扭曲、透视和变形等操作，并且可以不必执行其他变换命令。

按住 Shift 键，用鼠标左键单击拖曳定界框 4 个角上的控制点可以等比例放大或缩小图像，如图 3-56 所示，也可以反向拖曳形成翻转变换。按住鼠标左键在定界框外拖曳，可以以 15°为单位顺时针或逆时针旋转图像。

要想形成以对角为直角的自由四边形方式变换，可以按住 Ctrl 键，用鼠标左键单击拖曳定界框 4 个角上的控制点。要想形成以对边不变的自由平行四边形方式变换，可以用鼠标左键单击拖曳定界框边上的控制点。如图 3-57 所示为拖曳边框上的控制点后的效果。

图 3-56 打开的"变换"定界框　　　　　　　图 3-57 拖动控制点

要想形成以中心对称的自由矩形方式变换，可以按住 Alt 键，用鼠标左键单击拖曳定界框 4 个角上的控制点。要想形成以中心对称的等高或等宽的自由矩形方式变换，可以使用鼠标左键单击拖曳定界框边上的控制点。图 3-58 所示为以等宽的自由矩形方式变换的图像。

要想形成以对角为直角的直角梯形方式变换，可以按住 Shift+Ctrl 组合键，用鼠标左键单击拖曳定界框 4 个角上的控制点。要想形成以对边不变的等高或等宽的自由平行四边形方式变换，可以用鼠标左键单击拖曳定界框边上的控制点，如图 3-59 所示。

图 3-58　自由变换

图 3-59　调整控制点

　　要想形成以相邻两角位置不变的中心对称自由平行四边形方式变换，可以按住 Ctrl+Alt 组合键，用鼠标左键单击拖曳定界框 4 个角上的控制点。要想形成相邻两边位置不变的中心对称自由平行四边形方式变换，可以用鼠标左键单击拖曳定界框边上的控制点。

　　要想形成以中心对称的等比例放大或缩小的矩形方式变换，可以按住 Shift+Alt 组合键，用鼠标左键单击拖曳定界框 4 个角上的控制点。用鼠标左键单击拖曳定界框边上的控制点，可以形成以中心对称的对边不变的矩形方式变换。

　　想要形成以等腰梯形、三角形或相对等腰三角形方式变换，可以按住 Shift+Ctrl+ Alt 组合键，用鼠标左键单击拖曳定界框 4 个角上的控制点。

　　　除了上述的将自由变形转换为别的变换方法以外，还可以在自由变换框中用鼠标右击，在弹出的快捷菜单中选择需要的变换。

3.5　选区的编辑

　　如何创建选区相信大家已经学会了，下面我们将介绍如何对选区进行编辑。

3.5.1　全选和反选

　　在菜单栏中选择"选择｜全部"命令或按 Ctrl+A 组合键，可以选择当前文档边界内的所有图像，全选图像常用于复制整个文档中的图像。

　　创建选区后，要想选择图像中没有被选择的部分，则在菜单中选择"选择｜反向选择"命令或按住 Shift+Ctrl+I 组合键，选择反向的选区。

3.5.2　取消与重新选择

　　要取消选区状态，可以在菜单栏中选择"选择｜取消选择"命令或按 Ctrl+D 组合键。在菜单栏中选择"选择｜重新选择"命令，可以恢复被取消的选区。

3.5.3 隐藏与显示选区

在菜单栏中选择"视图｜显示｜选区边缘"命令，可以切换选区的显示与隐藏状态。创建选区后，要隐藏选区(注意，隐藏选区后，选区仍然存在)，可以在菜单栏中选择"视图｜显示｜选区边缘"命令或按 Ctrl+H 组合键；再次在菜单栏中选择"视图｜显示｜选区边缘"命令或按 Ctrl+H 组合键，可以将隐藏的选区显示出来。

3.5.4 移动选区

将光标放置在选区内，当光标变为 形状时，拖曳鼠标即可移动选区。

> **提示**
>
> 　　移动选区的前提是当前工具为选区工具，在工具选项栏中单击 ▢ (新选区) 按钮，使其处于当前选择状态。在当前选区的状态下，按键盘上的 →、←、↑、↓ 键可以以 1 像素的距离移动选区。

3.5.5 变换选区

变换选区的方法与图像的"自由变换"非常相似，即在菜单栏中选择"选择｜变换选区"命令，或单击鼠标右键，在弹出的快捷菜单中选择"变换选区"命令，如图 3-60 所示。选区周围会出现类似自由变换的界定框，通过单击鼠标右键，还可以在弹出的快捷菜单中执行其他变换方式命令。完成变换之后，按 Enter 键即可得到变换后的选区。

图 3-60　变换选区

3.5.6 边界选区

创建选区后的效果如图 3-61 所示。在菜单栏中选择"选择｜修改｜边界"命令，可以将选区的边界向内或向外进行扩展，扩展后的选区边界将与原来的选区边界形成新的选区。图 3-62 和图 3-63 所示分别是在"边界选区"对话框中设置"宽度"为 20 像素和 50 像素时的选区对比效果。

图 3-61　创建的选区

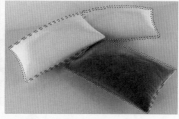

图 3-62　宽度为 20 像素

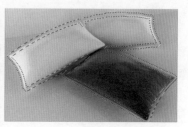

图 3-63　宽度为 50 像素

3.5.7　平滑选区

如果要将选区进行平滑处理，可以在菜单栏中选择"选择 | 修改 | 平滑"命令。图 3-64 和图 3-65 所示分别是设置"取样半径"为 10 像素和 50 像素时的选区效果。

图 3-64　"取样半径"为 10 像素

图 3-65　"平样半径"为 50 像素

3.5.8　扩展与收缩选区

如果将选区向外进行扩展，可以在菜单栏中选择"选择 | 修改 | 扩展"命令，设置"扩展量"为 50 像素，对比效果如图 3-66 和图 3-67 所示。

图 3-66　创建的选区

图 3-67　扩展为 50 像素

如果要向内收缩选区，可以在菜单栏中选择"选择 | 修改 | 收缩"命令。图 3-68 所示为原始选区，图 3-69 所示是设置"收缩量"为 50 像素后的选区效果。

图 3-68　创建的选区

图 3-69　收缩为 50 像素

除了上述所讲的选区编辑外，还可以通过填充和描边对选区进行编辑，在菜单栏中选择"编辑｜填充"命令和"编辑｜描边"命令即可实现，这里就不详细介绍了。

3.6　图像色彩的调整命令

下面我们来介绍几种常用的调整图像色彩的命令。

3.6.1　"亮度 / 对比度"命令

使用"亮度 / 对比度"命令可以对图像的整个色调进行调整，从而改变图像的亮度 / 对比度。"亮度 / 对比度"命令会对图像的每像素都进行调整，所以会导致图像细节的丢失。如图 3-70 ～ 图 3-72 所示的图像分别为原图、增加"亮度 / 对比度"后的效果和减少"亮度 / 对比度" 后的效果。在菜单栏中选择"图像｜调整｜亮度 / 对比度"命令，会弹出如图 3-73 所示的"亮度 / 对比度"对话框。

图 3-70　原图

图 3-71　变亮的图像

- 亮度：用来控制图像的明暗度，负值将图像调暗，正值可以加亮图像，取值范围是 –100 ～ 100。
- 对比度：用来控制图像的对比度，负值将降低图像对比度，正值可以加大图像对比度，取值范围是 –100 ～ 100。
- 使用旧版：将"亮度 / 对比度"命令变为老版本时的调整功能。

图 3-72 变暗的图像　　　　　　图 3-73 "亮度 / 对比度"对话框

3.6.2 "色相 / 饱和度"命令

使用"色相 / 饱和度"命令可以调整整个图片或图片中单个颜色的色相、饱和度和亮度。在菜单栏中选择"图像 | 调整 | 色相 / 饱和度"命令，弹出如图 3-74 所示的"色相 / 饱和度"对话框。

图 3-74 "色相 / 饱和度"对话框

- 预设：系统保存的调整数据。
- 编辑全图下拉列表：用来设置调整的颜色范围。
- 色相：通常指的是颜色，即红色、黄色、绿色、青色、蓝色和洋红。
- 饱和度：通常指的是一种颜色的纯度。颜色越纯，饱和度就越大；颜色纯度越低，相应颜色的饱和度就越小。
- 明度：通常指的是色调的明暗度。
- 着色：选中该复选框后，只能为全图调整色调，并将彩色图片自动转换成单一色调的图片。

打开一张图片，如图 3-75 所示，选择编辑颜色为"黄色"，降低"饱和度"，降低黄色图像的效果，如图 3-76 所示。

图 3-75　原图　　　　　　　　　图 3-76　调整图像的黄色饱和度

3.6.3　"色彩平衡"命令

使用"色彩平衡"命令可以单独对图像的阴影、中间调和高光进行调整，从而改变图像整体的颜色。在菜单栏中选择"图像｜调整｜色彩平衡"命令，会弹出如图 3-77 所示的"色彩平衡"对话框。在对话框中有 3 组互补色，分别为青色对红色、洋红对绿色和黄色对蓝色。例如，减少青色时就会由红色来补充。

- 色彩平衡：可以在对应的文本框中输入相应的数值或拖动下面的三角滑块来改变颜色。
- 色调平衡：可以选择在阴影、中间调或高光中调整色彩平衡。
- 保持明度：选中此复选框后，在调整色彩平衡时保持图像明度不变。

打开原始图像，如图 3-78 所示，通过调整"色彩平衡"的参数来调整图像的色彩平衡效果，如图 3-79 所示。

图 3-77　"色彩平衡"对话框　　　　　　图 3-78　原始图像

图 3-79　调整"色彩平衡"参数

3.6.4 "色阶"命令

使用"色阶"命令可以校正图像的色调范围和颜色平衡。"色阶"直方图可以用作调整图像基本色调的直观参考，调整方法是在"色阶"对话框中通过调整图像的阴影、中间调和高光的强度级别来达到最佳效果。在菜单栏中选择"图像|调整|色阶"命令，会弹出如图 3-80 所示的"色阶"对话框。

图 3-80 打开"色阶"对话框

- 预设：用来选择调整完毕的色阶效果，单击右侧的倒三角形按钮即可弹出下拉列表。
- 通道：用来选择设定调整色阶的通道。
- 输入色阶：在输入色阶对应的文本框中输入数值或拖动滑块来调整图像的色调范围，以提高或降低图像对比度。
- 输出色阶：在输出色阶对应的文本框中输入数值或拖动滑块来调整图像的亮度范围。"暗部"可以使图像中较暗的部分变亮；"亮部"可以使图像中较亮的部分变暗。
- 自动：单击该按钮，可以将"暗部"和"亮部"自动调整到最暗和最亮。单击此按钮得到的效果与"自动色阶"命令相同。
- 选项：单击该按钮，可以打开"自动颜色校正选项"对话框，在对话框中可以设置"阴影"和"高光"所占的比例。

3.6.5 "曲线"命令

使用"曲线"命令可以调整图像的色调和颜色。设置曲线形状时，将曲线向上或向下移动会使图像变亮或变暗，具体情况取决于对话框中是设置为以色阶显示还是以百分比显示。

在菜单栏中选择"图像|调整|曲线"命令，会弹出如图 3-81 所示的"曲线"对话框。

- 通道：选择需要调整的通道。如果某一通道色调明显偏重，就可以选择这一通道进行调整，而不会影响其他颜色通道的色调分布。
- ⌇（通过添加点来调整曲线）：可以在曲线上添加控制点来调整曲线。拖动控制点即可改变曲线形状。

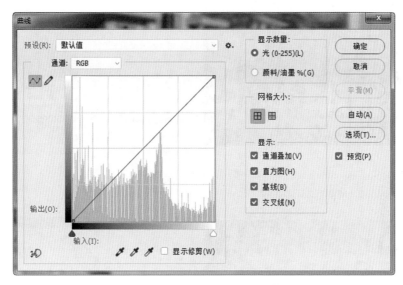

图 3-81   "曲线"对话框

- ● ✐（使用铅笔绘制曲线）：可以随意在直方图内绘制曲线，此时"平滑"按钮被激活，用来控制绘制铅笔曲线的平滑度。
- ● 曲线区：横坐标代表水平色调带，表示原始图像中像素的亮度分布，即输入色阶，调整前的曲线是一条 45°直线，意味着所有像素的输入亮度与输出亮度相同。用曲线调整图像色阶的过程，也就是通过调整曲线的形状来改变像素的输入、输出亮度，从而改变整个图像的色阶。

调整曲线时，首先在曲线上单击，然后拖曳即可改变曲线形状。当曲线向左上角弯曲时，图像变亮；当曲线向右下角弯曲时，图像色调变暗。

通过向上调整曲线上的节点调整图像，效果如图 3-82 所示。

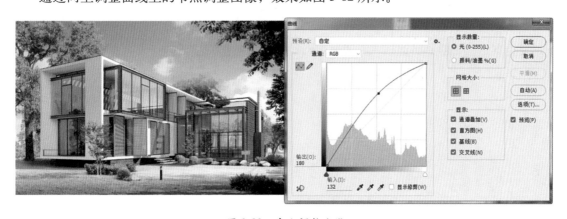

图 3-82   向上调整曲线

通过向下调整曲线节点调整图像，效果如图 3-83 所示。

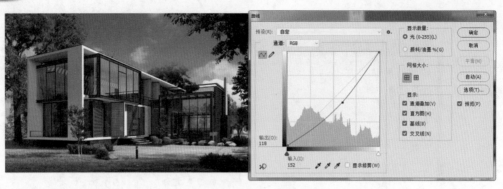

图 3-83　向下调整曲线

调整曲线的效果如图 3-84 所示。

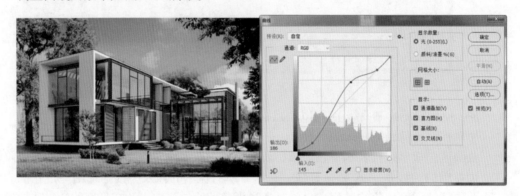

图 3-84　调整曲线的效果

3.7　小结

　　本章主要介绍了包括选区工具，常用的图像编辑工具和常用的素材移动、变换工具，以及常用的图像色彩调整命令。这些工具和命令在效果图的后期处理中都是常用的，所以大家一定要把本章知识学好，这样才能为后面的学习奠定坚实的基础。

第 4 章
收集和制作配景

　　为效果图场景适当添加建筑配景，能起到烘托主体建筑、营造环境氛围的作用。建筑效果图的质量，除了与设计者的实际水平、审美观点、操作技巧等因素有关外，还与设计者所拥有配景素材的数量与质量有关。如果没有大量的素材，则必定制作不出高质量的效果图。所以在后期制作(添加景物)之前，应该充分准备大量的配景素材，这样才能够在实际操作中随心所欲地表现自己的设计思想。

4.1 建筑配景

在建筑效果图中，除重点表现的建筑物是画面的主体之外，还有大量的配景要素。建筑物是效果图的主体，但它不是孤立的存在，须安置在谐调的配景之中，才能使一幅建筑效果图渐臻完善。所谓配景要素就是指突出建筑物效果的环境部分。

谐调的素材是根据建筑物设计所要求的地理环境和特定的环境而定的，常见的配景有树木丛林、人物、车辆、道路、地面、花圃、草坪、天空、水面等，也常根据设计的整体布局或地域条件，设置一些广告、路灯、雕塑等，这些都是为了创造一个真实的环境，增强画面的气氛。这些配景在建筑效果图表现中起着多方面的作用，能充分表达画面的气氛与效果。

除了烘托主体建筑外，配景还能起到提供尺度的作用。配景可以调整建筑物的平衡，起到引导视线的作用，能把观察者的视线引向画面的重点部位。配景又有利于表现建筑物的性格和时代特点。利用配景还可以表现出建筑物的环境气氛，从而加强建筑物的真实感。利用配景同时有助于表现出空间效果，可以利用配景本身的透视变化及配景的虚实、冷暖来加强画面的层次和纵深感。

4.2 收集配景素材的几种方法

在日常生活中，可以通过以下几种途径来收集配景素材。

- 购买专业的配景素材库：由于近年来建筑设计行业的迅速发展，专业的图形图像公司与建筑效果图公司迅速崛起，相关的辅助公司也应运而生，其中包括专业制作配景素材的图像公司，可以通过购买他们的产品得到专业的配景素材。
- 通过扫描仪扫描：可以收集一些印刷精美的画册及杂志，通过扫描仪扫描转换为图像格式，以便使用。扫描仪的分辨率不同，所扫描的图像精细程度也不同。分辨率太低，扫描的图像就不是很清晰；分辨率过高，扫描后的文件就会大很多，使用起来不方便。因此，在扫描图像之前，要先弄清楚扫描仪的分辨率，然后根据实际需要灵活选择扫描仪的分辨率。
- 通过数码相机进行实景拍摄：如果想创作出真正属于自己的建筑效果图，建议还是带上数码相机，走出房间融入生活中，拍下真实生活中的各种角色。另外，数码相机拍摄的照片可以方便地修改及保存。
- 借助网络：现在网络非常发达，可以通过网络下载自己需要的配景素材，当然，前提是不能有知识产权的问题。

4.3 建筑配景的添加步骤

建筑配景的添加一般遵循以下几点。

- 加环境背景：环境背景一般是一幅合适的天空背景。在天空背景方面，既可以填充合适的渐变颜色来作为背景，又可以直接调用一幅合适的、真实的天空配景图片作为背景，一般采用后者的处理方法。在选择天空背景素材时注意图片的分辨率要与建筑图片的分辨率基本相当，否则将影响图像的精度与效果。另外，还要为场景中添加合适的草地配景。在添加草地配景时注意所选择草地的色调、透视关系要与场景相谐调。

- 添加辅助建筑：适当地添加辅助建筑会增强画面的空间感，渲染出建筑群体的环境气氛。注意辅助建筑的透视和风格要与场景中主体建筑风格相近，而且辅助建筑的形式与结构要相对简单一些，才能既保持风格的统一，又突出建筑主体。
- 添加植物配景：为场景中添加植物配景，不仅可以增加场景的空间感，还可以展现场景的自然气息。在添加时要注意植物配景的形状及种类要与画面环境一致，以免引起画面的混乱。
- 添加人物配景：注意人物的形象要与建筑类型一致；不同位置的人物的明暗程度也会不同，要进行单个适当调整；人物所处位置要尽量靠近建筑的主入口部位，以突出建筑入口；要处理好人物与建筑的透视关系、比例关系等。
- 添加其他配景：不同类型的建筑添加的配景也不一样，适当地为场景中添加一些路旗广告、户外广告、路灯等配景，可使画面更加生动、真实。

4.4 常用配景素材

本节将制作几种效果图后期处理过程中常用的配景素材。在对效果图场景进行后期制作时，场景不同所需要的配景素材是不一样的。例如，鸟瞰场景、彩平图、平面规划图等和正常视角的建筑场景所需的素材就不一样。因此需要准备很多不同类型的配景素材，以备不时之需。

4.4.1 街景素材

街景素材一般包括景观灯、路灯、景观小品及长椅等。制作方法都一样，在这里制作一个景观小品配景素材。

动手操作——制作景观小品素材

① 在菜单栏中选择"文件 | 打开"命令，打开随书配套光盘中的"素材" \ "第 4 章" \ "景观小品 .tif"文件，如图 4-1 所示。

② 在工具箱中选择 ⌀.（钢笔工具），围绕电话亭创建点，创建路径，如图 4-2 所示。

③ 使用 ▸（直接选择工具）调整路径到合适的边界位置，如图 4-3 所示。

④ 使用 ▸（转换点工具）在弧度顶的位置转换点，并调整路径为圆滑效果，如图 4-4 所示。

⑤ 调整好路径之后，切换到"路径"面板，单击 ⊙（将路径作为选区载入）按钮，将路径载入选区，如图 4-5 所示。

⑥ 切换到"图层"面板，选择"背景"图层，按 Ctrl+J 组合键，将选区中的图像复制到新的图层中，并填充"背景"为纯色，如图 4-6 所示。

图 4-1　打开的素材文件　　　　　图 4-2　创建路径

图 4-3　调整路径的边界位置　　　　图 4-4　调整路径的形状

图 4-5　将路径载入选区　　　　图 4-6　将图像复制到新的图层

⑦ 将抠取的图像存储到"源文件"\"第 4 章"\"街景素材 .psd"文件。

4.4.2　喷泉效果

　　喷泉的形式多种多样，其制作方法也是多样的，既可以运用 3ds Max 软件中的粒子系统制作，也可以运用 Photoshop 软件的相应命令和工具来制作。在 3ds Max 中制作的喷泉或许会更真实一些，但是这样会使效果图中的面片数量增加，致使计算机的运行速度减慢。所以，一般建议在 Photoshop 中制作喷泉效果。

动手操作——制作喷泉效果

① 在菜单栏中选择"文件｜打开"命令，打开随书配套光盘中的"素材"\"第4章"\"喷泉 .psd"文件，如图 4-7 所示。

② 设置前景色为白色，选择 ✎（画笔工具），将笔尖设置为花斑状笔刷。

③ 在"画笔"面板中选择"画笔笔尖形状"，设置其"大小"为9、"硬度"为21%、"间距"为178%，如图 4-8 所示。

④ 在"画笔"面板中选择"散布"，选中"散布"的"两轴"，设置其参数为495%，设置"数量"为7、"数量抖动"为40%，如图 4-9 所示。

图 4-7 打开的图像文件

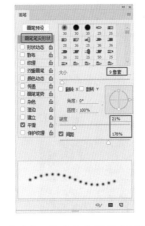

图 4-8 设置画笔的笔尖形状

图 4-9 设置散布参数

⑤ 在"图层"面板中新建一个"图层 2"图层，设置前景色的颜色为白色，绘制如图 4-10 所示的效果。

⑥ 使用同样的方法，在水池中拖动鼠标，绘制出如图 4-11 所示的水柱。

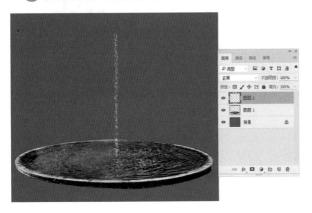

图 4-10 绘制图像

图 4-11 绘制水柱效果

⑦ 选择绘制的水柱所在的图层，在菜单栏中选择"滤镜｜模糊｜动感模糊"命令，在弹出的"动感模糊"对话框中设置合适的模糊参数，单击"确定"按钮，如图 4-12 所示。

⑧ 在"图层"面板中新建一个图层。在喷泉底部再多次单击,绘制出喷泉落水溅起水花的效果,如图 4-13 所示。

图 4-12 设置"动感模糊"参数

图 4-13 绘制喷溅的水花

⑨ 在绘制的喷溅水花的位置绘制一个椭圆的选区,如图 4-14 所示。

⑩ 在工具箱中选择 ✎.(涂抹工具),在工具选项栏中设置画笔笔尖的大小,并设置"强度"为 34%。

⑪ 在喷溅的水花位置涂抹水花,如图 4-15 所示。

图 4-14 创建椭圆选区

图 4-15 设置涂抹效果

⑫ 在菜单栏中选择"滤镜|扭曲|水波"命令,在弹出的对话框中设置合适的水波参数,如图 4-16 所示。

⑬ 设置出的水波效果,如图 4-17 所示。

⑭ 在"图层"面板中新建图层,并绘制出水柱上喷溅的水珠效果,如图 4-18 所示。

⑮ 为水柱周边的水珠施加"动感模糊"效果,设置合适的参数即可,如图 4-19 所示。

⑯ 设置出的喷泉效果,如图 4-20 所示。

⑰ 为喷泉设置出一个背景,可以看一下效果,如图 4-21 所示。

图 4-16　设置水波扭曲

图 4-17　设置的水波扭曲效果

图 4-18　绘制水柱的水珠

图 4-19　设置水珠的动感模糊

图 4-20　设置出的喷泉效果

图 4-21　添加背景后的喷泉

4.4.3　植物配景素材

植物配景素材一般包括成片的树林、单棵树、单棵灌木及那种放在场景角上不全的枝叶素材等，这些素材都来自于平时的摄影作品。我们通过工具将素材抠取下来，在这里制作一个热带树配景素材。

动手操作——制作植物素材

① 在菜单栏中选择"文件 | 打开"命令，打开随书配套光盘中的"素材"\"第4章"\"通道抠图 .tif"文件，如图 4-22 所示。接下来用通道抠图的方法将图像中的树抠取下来。

② 切换到"通道"面板，新建一个 Alpha1 通道，如图 4-23 所示。

图 4-22　打开的素材　　　　　　　　图 4-23　新建通道

③ 选择 RGB 通道，配合使用 🔍（磁性套索工具）和 🔍（多边形套索工具），创建树的树干选区，切换到 Alpha1 通道，填充选区为白色，如图 4-24 所示。

④ 在"通道"面板中可以看到"蓝"通道树叶的对比较强，创建出树叶选区，如图 4-25 所示。

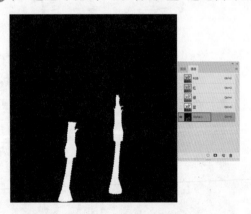

图 4-24　创建并填充选区　　　　　　　图 4-25　创建树叶的选区

⑤ 创建选区后，按 Ctrl+C 组合键，复制选区中的蓝色通道图像，新建 Alpha2 通道，按 Ctrl+V 组合键，粘贴选区中的图像到新的通道中，如图 4-26 所示。

⑥ 确定选区处于选择状态，按 Ctrl+I 组合键，设置选取中的通道图像为反向的效果，如图 4-27 所示。

⑦ 确定选区处于选择状态，按 Ctrl+L 组合键，在弹出的"色阶"对话框中设置色阶的参数，使其植物的区域为白色，明显区别于背景即可，如图 4-28 所示。

⑧ 按 Ctrl+D 组合键，取消选区的选择，如图 4-29 所示，可以看到选区的蚂蚁线出现了白色的线条。对于这种情况，我们可以使用画笔工具将其绘制为黑色。

图 4-26　复制选区到新通道

图 4-27　设置图像的反向

图 4-28　设置"色阶"参数

图 4-29　绘制白色边为黑色

⑨ 按住 Ctrl 键，单击 Alpha2 通道前面的缩览图，将其载入选区，如图 4-30 所示。

⑩ 确定选区处于选择状态，选择 Alpha1 通道，填充选区为白色，如图 4-31 所示。

图 4-30　载入选区

图 4-31　填充选区为白色

⑪ 按住 Ctrl 键，单击 Alpha1 通道前的缩览图，将其载入选区，如图 4-32 所示。

⑫ 选择 RGB 通道，在"图层"面板中选择"背景"图层，按 Ctrl+J 组合键，将选区中的图像复制到新的图层中，如图 4-33 所示。将抠取的素材存储为"热带植物 .psd"文件。

图 4-32　载入植物选区

图 4-33　复制植物区域到新图层

4.4.4　汽车素材

汽车在室外建筑效果图后期制作中用得很多，加入了汽车配景就带动了整个场景的气氛。在作图时如果没有合适的汽车素材，就需要现搜资料，找到合适的汽车配景后再把汽车抠下来，做成汽车素材使用。

动手操作——制作汽车素材

① 在菜单栏中选择"文件｜打开"命令，打开随书配套光盘中的"素材"\"第 4 章"\"汽车 .jpg"文件，如图 4-34 所示。

② 使用 ⟍.（钢笔工具）沿着汽车的周围单击创建锚点，如图 4-35 所示。

图 4-34　打开的图像文件

图 4-35　创建锚点效果

③ 将路径转换为选区，再按 Ctrl+J 组合键将选区内容复制为单独的一个图层。然后将"背景"图层以蓝色（R：0、G：0、B：255）填充，最后使用 ⛏.（裁剪工具）调整图片的大小，最终效果如图 4-36 所示。

图 4-36　素材的最终效果

④ 将制作的图像另存为"汽车素材 .psd"。

4.4.5　人物素材

不管是室内场景还是室外场景，人物都是一个非常有用的配景。加上人物，场景马上就有了人文气息。

动手操作——制作人物素材

① 在菜单栏中选择"文件｜打开"命令，打开随书配套光盘中的"素材"\"第4章"\"人物 .jpg"文件，如图 4-37 所示。

② 选择 （快速选择工具），在图像中拖动鼠标，此时发现人物上有个位置没有选择上，可以按住 Shift 键加选选区，将人物选全，如图 4-38 所示。

图 4-37　打开文件　　　　　　　图 4-38　选择人物

可以看到加选选区之后，会选择到很多不需要的区域，下面将对此进行处理。

③ 选择 （快速选择工具），按住 Alt 键，减选不需要的区域，在减选的时候可以随时调整笔触的大小来减选区域，如图 4-39 所示。继续检查人物图像的选取情况，可以继续使用 （快速选择工具）选择和减选。

④ 创建人物选区之后，按 Ctrl+J 组合键，复制人物区域到新的图层中，将"背景"图层隐藏，

如图 4-40 所示。

图 4-39　减选选区　　　　　图 4-40　复制出人物

⑤ 显示"背景"图层，填充背景为白色，可以看到抠取的图像有些许杂色区域，如图 4-41 所示。

⑥ 使用 🖉（橡皮擦工具）擦除多余的杂色区域，如图 4-42 所示。

图 4-41　填充背景为白色　　　　图 4-42　素材的最终效果

⑦ 将制作的图像另存为"人物 .psd"。

4.4.6　雪景树木素材

在制作雪景时，有时会遇到雪景素材不足或无适合的雪景树木素材的情况。这时就可以对现有的树木素材进行调整以制作出完美的雪景树木素材。制作雪景树木素材有两种方法，一种是填充颜色模拟完成，另一种是调整颜色进行模拟。下面分别进行介绍。

动手操作——制作雪景树木素材

① 在菜单栏中选择"文件｜打开"命令，打开随书配套光盘中的"素材"\"第 4 章"\"雪景树木 .jpg"文件，如图 4-43 所示。

② 在菜单栏中选择"选择｜色彩范围"命令，弹出"色彩范围"对话框，用吸管工具吸取高光部分的颜色，如图 4-44 所示。

图 4-43　打开的图像

图 4-44　选择色彩范围

③ 设置前景色为白色，新建一个"图层 1"图层，使其位于图层的最上方，然后将该图层以白色填充。按 Ctrl+D 组合键将选区取消，图像最终效果如图 4-45 所示。

图 4-45　雪的效果

④ 将制作的图像另存为"雪景树木效果 .psd"文件。

4.5　小结

本章学习了如何收集自己的素材库、常用配景素材的制作以及如何制作配景模板等。通过本章的学习，读者应掌握使用配景素材的制作方法。其实配景素材的制作方法多种多样，读者不必拘泥于本章介绍的方法，完全可以根据自己的习惯和需要制作。

第 5 章

环境和配景的处理及使用

　　在效果图表现中，如果要正确表现场景中所要达到的真实效果，就不能忽视背景、人物、花草、树木及水等配景的作用。这些配景虽然不是主体部分，但是能对场景效果起到谐调的作用，它们处理得好坏将直接影响到整个效果图场景的最终效果。

5.1 常用配景倒影效果的处理

倒影在效果图中经常会遇到。相对于投影来说，倒影的制作过程显得稍微复杂一些。根据配景与地面的"接触点"不同，倒影大致可以分为两种：一种是配景与地面只有一个单面接触的情况，如树木、花盆、人物等。制作这类配景的倒影时，只需将原图像复制一个，然后将复制后的图像垂直翻转即可；另一种是配景与地面有多个接触点的情况，如汽车、桌椅等。在制作该类配景的倒影效果时，就不能仅仅依靠"垂直翻转"命令来处理，还需要对图像进行一些变形操作。另外，还经常需要制作水面倒影的效果。下面将介绍后面这两种倒影的制作方法。

5.1.1 汽车倒影

在很多时候，汽车的倒影与地面的接触点不止一个，像前面比较单一的仅靠"垂直翻转"命令已经不能满足需要，必须结合其他命令来完成。

动手操作——制作汽车倒影

① 在菜单栏中选择"文件 | 打开"命令，打开随书配套光盘中的"素材"\"第 5 章"\"汽车倒影 .tif"文件和"汽车 .psd"文件，如图 5-1 和图 5-2 所示。

图 5-1　打开汽车倒影素材　　　　　　图 5-2　打开的汽车素材

② 使用 ✛.（移动工具）将汽车素材拖曳到倒影素材中，按 Ctrl+T 组合键，打开自由变换框，按住 Shift 键，等比例调整汽车的大小，如图 5-3 所示。调整汽车到合适的大小后，按 Enter 键，确定自由变换的操作。

③ 按 Ctrl+J 组合键，将当前的汽车图像复制到"图层 1 拷贝"图层中，如图 5-4 所示。

图 5-3　调整素材的大小　　　　　　图 5-4　复制汽车图像到新图层

④ 选择复制出的图层，按 Ctrl+T 组合键，打开自由变换框，并在自由变换框上右击，在弹出的快捷菜单中选择"垂直翻转"命令，如图 5-5 所示，按 Enter 键确定自由变换操作。

⑤ 翻转图像后的效果，如图 5-6 所示。

图 5-5　选择"垂直翻转"命令　　　　　　　图 5-6　翻转后的效果

因为场景中的汽车配景本身有透视效果，从图像上来看汽车的倒影和汽车本身有的点还没有接触，这样显然是不真实的。接下来就解决这个接触点的问题。

⑥ 在工具箱中选择 ▯ （矩形选框工具），选择如图 5-7 所示的图像。

⑦ 创建选区后，按 Ctrl+T 组合键，打开自由变换框，并在自由变换框上右击，在弹出的快捷菜单中使用"斜切"和"自由变换"命令，调整选区中的图像，如图 5-8 所示。

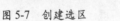

图 5-7　创建选区　　　　　　　　　　　　图 5-8　调整选区的自由变换

⑧ 选区中调整后的图像，如图 5-9 所示，调整自由变换框后，按 Enter 键，确定自由变换的调整。

⑨ 选择汽车倒影顶部的区域，效果如图 5-10 所示。

⑩ 使用"自由变换"命令将其略微向上拖动一点，如图 5-11 所示。

⑪ 将"图层 1 拷贝"图层放置到"图层 1"图层的下方，按住 Ctrl 键，单击"图层 1"图层缩览图，将其载入选区，按 Q 键，进入快速蒙版，如图 5-12 所示。

⑫ 选择 ▯ （渐变工具），确定渐变为黑白渐变，在视图中作为倒影的汽车图像上由下向上填充渐变，如图 5-13 所示。

⓭ 按 Q 键退出快速蒙版，即可创建选区。在"图层"面板中单击◻（添加图层蒙版）按钮，得到如图 5-14 所示的效果。

图 5-9　调整变换的效果

图 5-10　在汽车倒影顶部创建选区

图 5-11　调整车顶

图 5-12　进入快速蒙版

图 5-13　创建渐变

图 5-14　添加图层蒙版

⓮ 设置"图层 1 拷贝"图层的"不透明度"为 50%，如图 5-15 所示。

⓯ 将制作完成的汽车倒影存储为"汽车倒影的制作 .psd"文件。

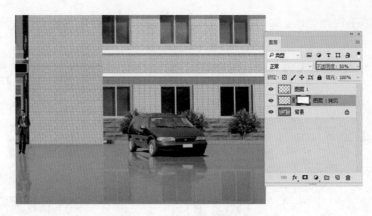

图 5-15　设置图层的不透明度

5.1.2　水面倒影

不管是在三维设计领域，还是在平面设计领域，对于水面倒影的效果表现一直是个难题。下面我们来介绍使用滤镜制作水面倒影的效果。

动手操作——制作水面倒影

❶ 在菜单栏中选择"文件｜打开"命令，打开随书配套光盘中的"素材"\"第 5 章"\"水面 .tif"文件和"白鹤 .psd"文件，如图 5-16 和图 5-17 所示。

图 5-16　打开水面图像

图 5-17　打开白鹤素材

❷ 使用 ✛.（移动工具），将白鹤素材拖曳到倒影素材中，按 Ctrl+T 组合键，打开自由变换框，按住 Shift 键，等比例调整白鹤的大小，如图 5-18 所示。按 Enter 键，确定调整白鹤的变换。

添加素材后，可以看到素材与整体的明度不符，下面将对该问题进行解决。

❸ 确定白鹤图像处于选择状态，按 Ctrl+M 组合键，在弹出的"曲线"对话框中调整曲线，如图 5-19 所示，单击"确定"按钮。

❹ 确定白鹤图层处于选择状态，按 Ctrl+J 组合键，复制图像到"图层 2 拷贝"图层中，如图 5-20 所示。按 Ctrl+T 组合键，调整上方的控制点到下方，使其图像翻转。

调整变换后，按 Enter 键，确定调整。

⑤ 确定作为投影的图像图层处于选择状态，按 Q 键，进入快速蒙版模式。选择 ◼. (渐变工具)，设置渐变为黑白渐变，由左下角到右上进行拖曳渐变，如图 5-21 所示。

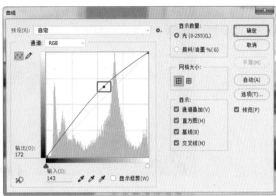

图 5-18　调整素材的大小　　　　　　　　　图 5-19　调整曲线

图 5-20　调整变换　　　　　　　　　图 5-21　设置快速蒙版

⑥ 创建渐变后，按 Q 键退出快速蒙版，此时渐变区域会出现选区，为作为倒影的图层施加 ◻ (添加图层蒙版)，如图 5-22 所示。

⑦ 创建图层蒙版后，选择作为倒影的图层图像，在菜单栏中选择"滤镜 | 扭曲 | 波纹"命令，在弹出的"波纹"对话框中设置合适的波纹参数，如图 5-23 所示。

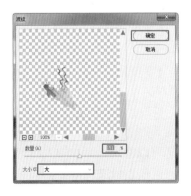

图 5-22　添加图像的蒙版　　　　　　　　　图 5-23　设置波纹参数

⑧ 设置图层的"不透明度"为 40%，如图 5-24 所示。完成水面倒影的制作。

⑨ 将制作完成的水面倒影存储为"水面倒影 .psd"文件。

图 5-24　设置水面倒影的制作

5.2 常用配景投影的处理

没有了影子，物体的立体感也就无从体现。因此，影子是使物体具有真实感的重要因素之一。通常情况下，在为效果图场景中添加配景后，接着就应该为该配景制作投影效果。另外，在制作投影效果时，通常会应用到缩放、变形等操作，通过给图层添加蒙版还可以制作出那种带有退晕的投影效果。

配景投影效果分为普通投影和折线投影两种形式，下面将分别介绍这两种投影效果的制作方法。

5.2.1　普通投影

为配景添加阴影，可使配景与地面自然融合，否则添加的配景就会给人以飘浮在空中的感觉。相对于制作比较复杂的折线投影来说，普通投影的制作方法很简单，主要是运用自由变换命令来完成。

动手操作——制作普通投影

① 在菜单栏中选择"文件 | 打开"命令，打开随书配套光盘中的"素材""第 5 章"\"外景日景 .tif"文件和"人 .psd"文件，如图 5-25 和图 5-26 所示。

② 使用 ✛（移动工具），将"人"素材拖曳到外景日景中，按 Ctrl+T 组合键，调整图像的大小，如图 5-27 所示。

③ 按 Ctrl+R 组合键，在图像中显示标尺，拖曳标尺到人物大小的高度位置，调整人物，如图 5-28 所示。

可以看到，添加的人物素材图像与效果图整体不符，人物相比整体效果图来说太亮。下面将对该素材进行调整。

④ 按 Ctrl+M 组合键，在弹出的对话框中调整曲线，使其降低图像的亮度，如图 5-29 所示。

⑤ 按 Ctrl+J 组合键，将素材复制到新的图层中，作为倒影图层；按 Ctrl+T 组合键，调整图像的翻转，这里调整图像的翻转主要是将图像调整到合适的效果，如图 5-30 所示，按 Enter 键，确定变换。

图 5-25 打开"外景日景"素材

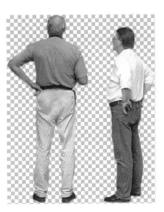

图 5-26 打开"人"素材

图 5-27 调整素材的大小

图 5-28 调整标志和素材

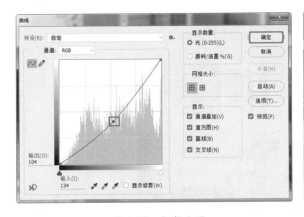

图 5-29 调整曲线

图 5-30 调整变换

⑥ 调整图层的位置，选择没有连接到的腿脚区域，并使用选区工具和自由变换命令，调整图像到合适的效果，如图 5-31 所示，调整区域的变换后，按 Enter 键确定调整，并按 Ctrl+D 组合键取消选区的选择。

⑦ 继续使用自由变换框调整作为倒影的图像，如图 5-32 所示。

图 5-31　调整作为投影的图像　　　　　　　图 5-32　调整投影的效果

⑧ 调整出影子的形状后，按 Ctrl+U 组合键，在弹出的"色相／饱和度"对话框中设置"明度"为 –100，如图 5-33 所示。

⑨ 设置影子图像为黑色后，在菜单栏中选择"滤镜｜模糊｜高斯模糊"命令，在弹出的"高斯模糊"对话框中设置"半径"为 1，如图 5-34 所示，单击"确定"按钮。

图 5-33　设置图像的明度　　　　　　　　图 5-34　设置高斯模糊效果

⑩ 设置图层的"不透明度"为 50%，如图 5-35 所示。

图 5-35　设置图层的不透明度

5.2.2　折线投影

在很多情况下，室内外光线所投射的投影是位于台阶、墙角等有转折的物体上的，这类投影叫作折线投影。在制作这类投影时，就不能用制作普通投影的方法来制作。

动手操作——制作折线投影

❶ 在菜单栏中选择"文件｜打开"命令，打开随书配套光盘中的"素材"\"第 5 章"\"折线投影素材 .tif"文件和"人 1.psd"文件，如图 5-36 和图 5-37 所示。

图 5-36　打开"折线投影"素材

图 5-37　打开"人 1"素材

❷ 使用 ✛（移动工具），将"人 1"素材拖曳到效果图中，如图 5-38 所示。可以看到人物素材与整体效果图的色调不符，下面将对其色调进行调整。

❸ 按 Ctrl+U 组合键，在弹出的"色相／饱和度"对话框中选择颜色为"黄色"，设置"饱和度"为 –51，如图 5-39 所示。

图 5-38　拖曳人物素材到效果图

图 5-39　调整"色相／饱和度"参数

❹ 调整好色调后，按 Ctrl+T 组合键，调整素材的大小，如图 5-40 所示，调整之后按 Enter 键，确定调整。

❺ 按 Ctrl+J 组合键，将人物图像复制到"图层 1 拷贝"图层中，并调整该图层到人物图层的下方，使用"自由变换"命令，调整图像的形状，如图 5-41 所示。

❻ 使用 ⬗（多边形套索工具），选择投影到墙上的图像区域，如图 5-42 所示。

❼ 使用自由变换框调整选区中的图像形状，如图 5-43 所示。

图 5-40　调整素材的大小

图 5-41　复制图像到新图层中

图 5-42　创建选区

图 5-43　变换选区

⑧ 调整选区形状后，按 Ctrl+U 组合键，在弹出的"色相／饱和度"对话框中设置"明度"为 –100，单击"确定"按钮，如图 5-44 所示。

⑨ 在菜单栏中选择"滤镜｜模糊｜高斯模糊"命令，在弹出的"高斯模糊"对话框中设置"半径"为 2 像素，单击"确定"按钮，如图 5-45 所示。

图 5-44　设置明度效果

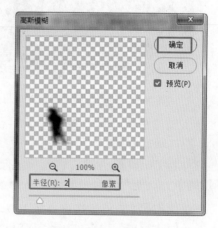

图 5-45　设置高斯模糊

⑩ 调整出影子效果后，设置图层的"不透明度"为 60%，如图 5-46 所示。

图 5-46　设置的折线倒影

5.3　天空的处理方法

　　天空的表现对于建筑效果图制作具有重要的意义，通过为场景添加不同的天空背景，在天空的色彩、亮度、云彩大小上产生丰富的变化，将为建筑营造不同的氛围。

　　如图 5-47 所示，不论是白云朵朵，还是干净的蓝色天空，都给人一种晴朗的惬意感。

图 5-47　晴空效果

　　图 5-48 所示为阴云密布的下雪场景的天空，通过暗沉的天空背景，营造出了雪天压抑、厚重的气息。

　　图 5-49 所示为夜晚的天空，单纯的深蓝色，给人以静谧的感觉。

　　制作天空背景的方法有 3 种：一种是直接运用合适的天空背景素材，添加到效果图中；另一种是利用颜色渐变制作天空；还有一种是利用多个天空素材合成，营造出变化丰富的天空背景。

图 5-48　阴云密布的天空　　　　　　图 5-49　夜晚的天空

5.3.1　天空制作的注意事项

天空制作的注意事项如下。

(1) 根据建筑物的用途表现氛围。

建筑性质不同，所表现出的气氛也会不同。例如，居住类建筑应表现出亲切、温馨的氛围，商业建筑应表现出繁华、热闹的氛围，而办公建筑则应表现出肃静、庄重的氛围。

图 5-50 所示为办公大楼场景，使用了比较暗沉的天空配景，表现出办公环境的庄重和肃静。

图 5-51 所示为居住小区场景，运用高饱和度的蓝色天空，配以轻松活泼的云彩，表现出住宅小区的温馨和亲切感。

图 5-50　办公楼　　　　　　　　图 5-51　居住小区

(2) 天空素材要与建筑物形态匹配。

作为配景的天空背景，应与建筑物的形态相谐调，以突出、美化建筑为主，不能喧宾夺主。

结构复杂的建筑应选用简单的天空素材作为背景，甚至用简单的颜色处理也可以，如图 5-52 所示。结构简单的建筑宜选用云彩较多的天空作为背景，以丰富画面，如图 5-53 所示。

图 5-52　结构复杂的建筑

图 5-53　结构简单的建筑

(3) 天空素材要有透视感。

天空在场景中占据着一半甚至更多的位置，是最高远的背景。为了表现出整个场景的距离感和纵深感，天空图像本身也应该通过颜色的浓淡、云彩的大小等表现出远近感，以使整个场景更为真实，如图 5-54 所示。

图 5-54　有透视感的天空

(4) 天空素材应与场景的光照方向和视角一致。

天空素材也应该有光照方向，靠近太阳的方向颜色亮且耀眼，远离太阳的方向颜色深。根据场景的光照方向，哪个天空方向正确，哪个天空方向错误一目了然。

5.3.2　添加天空

添加天空相对来说简单，只需根据建筑和环境的需要，选择合适的天空，直接添加进来即可。

动手操作——直接添加天空

❶ 在菜单栏中选择"文件 | 打开"命令，打开随书配套光盘中的"素材"\"第 5 章"\"直接添加天空 .psd"文件和"天空 .jpg"文件，如图 5-55 和图 5-56 所示。

❷ 使用 ⊕.（移动工具），将天空素材拖曳到建筑效果图中，并将天空素材放置到建筑图层的下方，如图 5-57 所示，将天空调整至合适的位置和大小。

图 5-55　打开的建筑

图 5-56　打开的天空素材

图 5-57　添加天空的效果

③ 将完成的效果存储为"直接添加天空的制作 .psd"文件。

5.3.3　绘制天空

渐变色填充天空背景的方法，一般适合于万里无云的晴空，这样天空看起来宁静而高远。

动手操作——使用渐变工具绘制天空

① 在菜单栏中选择"文件 | 打开"命令，打开随书配套光盘中的"素材"\"第 5 章"\"渐变天空 .psd"文件，如图 5-58 所示。

图 5-58　打开的效果图

② 选择■（渐变工具），在工具选项栏中单击渐变色块，弹出"渐变编辑器"对话框，设置渐变的第一个色标的 RGB 为 28、67、118，设置到白色的渐变，如图 5-59 所示。

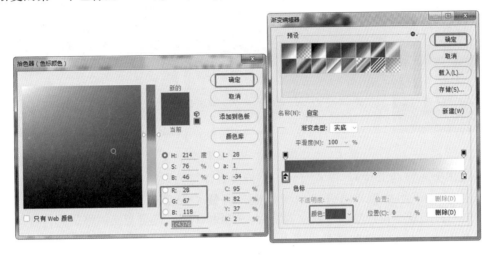

图 5-59　设置渐变

③ 设置渐变后，在"图层"面板中新建一个图层，并将图层放置到"图层 0"图层的下方，如图 5-60 所示。

④ 在效果图中由上到下创建渐变，如图 5-61 所示。

图 5-60　新建图层

图 5-61　填充的渐变

⑤ 将制作的效果存储为"渐变天空的制作 .psd"文件。

5.3.4　合成天空

合成法适合制作颜色、层次变换有度的天空，使天空看起来具有丰富的美感。

动手操作——合成法制作天空

① 在菜单栏中选择"文件 | 打开"命令，打开随书配套光盘中的"素材"\"第 5 章"\"合成天空 .psd"文件、"天空 .tif"文件和"天空 01.tif"文件，如图 5-62 所示。

图 5-62　打开的素材

② 使用 ✛ (移动工具)，将"天空 01"拖曳到建筑效果图中，如图 5-63 所示。

③ 按 Ctrl+T 组合键，打开自由变换框，调整"天空 01"到合适的大小和位置，如图 5-64 所示。通过"自由变换"命令调整后，按 Enter 键，确定变换调整。

④ 将天空素材拖曳到建筑效果图中，如图 5-65 所示，调整到合适的位置和大小，并将两个天空素材所在的图层放置到建筑图层的下方。

图 5-63　添加"天空 01"素材　　　图 5-64　调整"天空 01"　　　图 5-65　继续添加天空素材

这里需要将天空素材进行遮罩，使其与"天空 01"结合得自然些。

⑤ 按 Q 键，进入快速蒙版模式，使用渐变工具进行填充，效果如图 5-66 所示。

⑥ 创建渐变后，再次按 Q 键，退出快速蒙版模式，即可创建选区。选择天空所在的图层，单击"图层"面板中的 ▫ (添加蒙版)按钮，效果如图 5-67 所示。

　提示

　　如果对添加蒙版后的图像不满意，可以重复以上两个步骤，对图像进行调整。

⑦ 在"图层"面板中新建一个图层，将新建的图层放置到天空图层的上方，继续在如图 5-63 所示的位置创建黑白填充渐变，设置图层的混合模式为"线性加深"，设置图层的"不

透明度"为 50%，如图 5-68 所示。

图 5-66　填充渐变

图 5-67　添加蒙版

⑧ 选择"天空 01"所在的图层，按 Ctrl+M 组合键，在弹出的"曲线"对话框中压暗图像，如图 5-69 所示。

图 5-68　填充并设置图层的属性

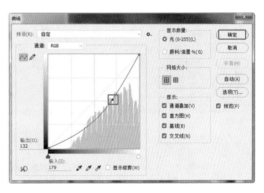

图 5-69　调整图像的曲线

⑨ 调整"天空 01"图像后的效果如图 5-70 所示。

在图 5-70 中可以看到作为辅助的远景建筑较亮，下面将对其进行调整。

⑩ 使用 ▢ (矩形选框工具)选择远景建筑，如图 5-71 所示。

⑪ 创建选区后，选择远景建筑所在的图层，按 Ctrl+M 组合键，在弹出的"曲线"对话框中压暗远景建筑，如图 5-72 所示。

⑫ 压暗后的远景建筑效果如图 5-73 所示。

⑬ 将制作的效果存储为"合成天空的制作 .psd"文件。

图 5-70 压暗图像的效果

图 5-71 创建矩形选区

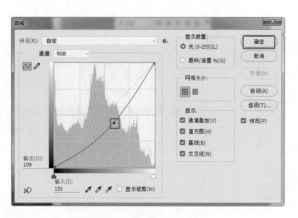

图 5-72 设置远景建筑的曲线

图 5-73 完成的效果

5.4 玻璃的处理方法

　　玻璃材质是建筑效果图中最难表现的。与其他材质不同的是，玻璃材质会根据周围景观的不同有很多变化。同一块玻璃，在不同的天气状况、不同的观察角度下，都会看到不同的效果。

　　玻璃的最大特征是透明和反射，不同的玻璃其反射强度和透明度会不同。如图 5-74 所示，高层建筑的玻璃由于反射了天空的颜色，玻璃呈现出极高的亮度，但是透明度较低。而低层建筑的玻璃由于周围建筑的遮挡而光线较暗，呈现出极高的透明度和较低的反射度，室内的灯光和景物一览无余。

　　实际使用的玻璃可以分为透明玻璃和反射玻璃两种。透明玻璃透明性好，反射较弱，如图 5-75 所示。透明玻璃由于透出暗的建筑内部，看起来暗一些。反射玻璃由于表面镀了一层薄膜，而呈现出极强的反射特征，如图 5-76 所示。

图 5-74　建筑玻璃照片

图 5-75　使用透明玻璃的建筑　　　　图 5-76　使用反射玻璃的建筑

5.4.1　透明玻璃

透明玻璃一般常见于商业街的门面或家居、别墅的落地窗户，从窗内透出来的暖暖的黄色灯光，给人一种温馨的感受，而透明的玻璃质感则给人一种窗明几净、舒适的感觉。

动手操作——透明玻璃的处理方法

❶ 在菜单栏中选择"文件│打开"命令，打开随书配套光盘中的"素材"\"第 5 章"\"透明玻璃 .psd"文件，如图 5-77 所示。

❷ 在菜单栏中选择"文件│打开"命令，打开随书配套光盘中的"素材"\"第 5 章"\"门头房室内效果 .psd"文件，如图 5-78 所示。

打开的 PSD 文件是分层的素材文件，可以在需要的图像上右击，在弹出的快捷菜单中选择其对应的图层位置。

❸ 将需要的素材拖曳到效果图中，调整素材图像至合适的位置和大小，如图 5-79 所示。

❹ 在"图层"面板中，按住 Alt 键，单击作为颜色通道的"图层 1"图层前面的 👁（指示图层可见性）图标，仅显示"图层 1"图层，并将该图层选中。使用 ✐（魔棒工具），在添

加素材的玻璃位置创建如图 5-80 所示的选区。

图 5-77　打开"透明玻璃"素材

图 5-78　打开"门头房室内效果"素材

图 5-79　添加素材

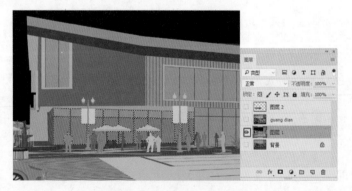

图 5-80　创建玻璃选区

选择添加的玻璃贴图，按住 Alt 键，单击"图层 1"图层前面的 ◉ (指示图层可见性) 图标，取消仅显示"图层 1"图层。

⑤ 选中选区位置的玻璃贴图素材图层，单击 ▣ (添加矢量蒙版) 按钮，创建遮罩，并设置其图层的"不透明度"为 60%，如图 5-81 所示。

⑥ 添加如图 5-82 所示的素材。

图 5-81　创建玻璃选区

图 5-82　添加素材

⑦ 调整添加素材的位置和大小，通过通道图层选择素材位置的玻璃选区，如图 5-83 所示。

⑧ 创建选区后，为素材图层施加蒙版，设置合适的不透明度，效果如图 5-84 所示。

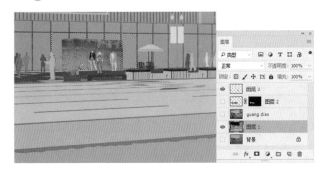

图 5-83　添加素材

图 5-84　设置素材的效果

下面为图 5-84 所示的素材添加一个顶部室内的效果。

⑨ 在"门头房室内效果 .psd"文件中使用选区工具创建如图 5-85 所示的选区。选择对应的图层，按 Ctrl+C 组合键，复制选区的图像。

图 5-85　创建选区

⑩ 切换到效果图中，按住 Ctrl+V 组合键，粘贴图像到效果图中，调整到如图 5-86 所示的位置，调整至合适的大小。

⑪ 通过颜色通道为添加的图像设置蒙版，设置合适的不透明度，如图 5-87 所示。

图 5-86 粘贴图像到效果图　　　　　　　　图 5-87 设置图像的蒙版

⑫ 在"门头房室内效果 .psd"文件中使用选区工具创建如图 5-88 所示的选区。选择相应的图层，按 Ctrl+C 组合键，复制选区中的图像。

图 5-88 复制选区中的图像

⑬ 切换到效果图中，按 Ctrl+V 组合键，粘贴图像到效果图中，调整图像的大小和位置，如图 5-89 所示。

⑭ 通过颜色通道创建玻璃选区，并为粘贴的素材图像设置蒙版效果，设置素材图层的不透明度，得到如图 5-90 所示的效果。

图 5-89 调整图像的大小和位置　　　　　　　图 5-90 创建蒙版

⑮ 继续添加其他素材，通过颜色通道创建玻璃选区，为素材添加蒙版，并设置素材图层的合适的不透明度，如图 5-91 所示。

⑯ 将添加素材的效果存储为"透明玻璃的制作 .psd"文件。

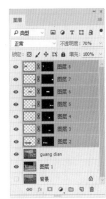

图 5-91　完成透明玻璃的整体效果

5.4.2　反射玻璃

反射玻璃一般常见于高层建筑的窗户、玻璃幕墙等，它反射的是天空的颜色和周围的建筑、树木等。这样它不仅可以增加建筑的色彩变化，还可以使建筑主体真正地融入画面中，不显得孤零零。

动手操作——反射玻璃的处理方法

❶ 在菜单栏中选择"文件 | 打开"命令，打开随书配套光盘中的"素材"\"第 5 章"\"玻璃反射 .psd"文件和"大树 .psd"文件，如图 5-92 所示。

图 5-92　打开的效果图和素材

❷ 在打开的"大树 .psd"文件中所需的素材上右击，选择对应的植物图层，将植物拖曳到效果图中，并调整植物的大小和位置，如图 5-93 所示，将添加后的植物所有图层选中，按 Ctrl+E 组合键，将选择的图层合并为一层。

❸ 在"图层"面板中按住 Alt 键，单击"通道"图层前面的 ◉（指示图层可见性）图标，仅显示"通道"图层，使用 ✦（魔棒工具），选择作为玻璃的颜色，如图 5-94 所示。

❹ 创建选区后，按住 Alt 键，单击"通道"图层前面的 ◉（指示图层可见性）图标，显示"通道"图层外的其他图层，选择合并后的植物图层，单击 ◻（添加矢量蒙版）按钮，如图 5-95 所示。

图 5-93 添加植物

图 5-94 创建玻璃颜色区域

图 5-95 添加蒙版

⑤ 调整图层的位置，如图 5-96 所示。

⑥ 继续选择设置遮罩后的作为玻璃反射的植物图层，按 Ctrl+U 组合键，在弹出的"色相 / 饱和度"对话框中设置"饱和度"和"明度"的参数，如图 5-97 所示。

图 5-96 调整图层的位置

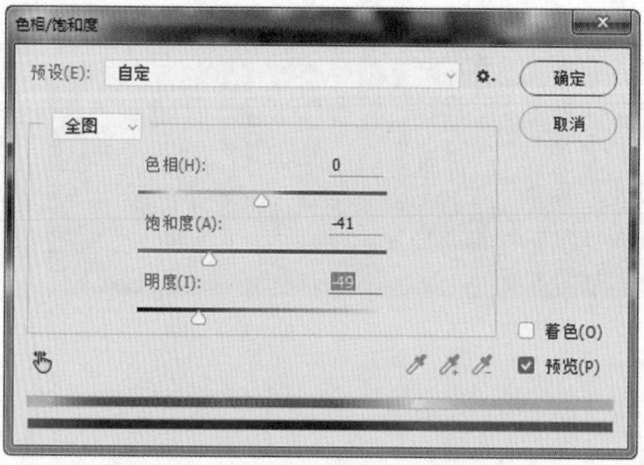

图 5-97 设置"色相 / 饱和度"参数

⑦ 调整图层的"不透明度"为 70%，如图 5-98 所示。

⑧ 继续添加植物，调整植物的大小和位置，如图 5-99 所示。

⑨ 使用同样的方法将添加的植物素材合并为一个图层，并为其设置蒙版，如图 5-100 所示。

图 5-98　设置"不透明度"

图 5-99　添加植物素材

图 5-100　设置植物的蒙版

⑩ 按 Ctrl+U 组合键，弹出"色相／饱和度"对话框，从中设置合适的"饱和度"和"明度"，如图 5-101 所示。

图 5-101　设置"色相／饱和度"参数

⑪ 设置图层合适的"不透明度"，如图 5-102 所示，完成反射玻璃的效果。

⑫ 将完成的反射玻璃效果存储为"玻璃反射的制作 .psd"文件。

图 5-102　完成后的效果

5.5　草地处理方法

在建筑后期处理中，草地的处理是必不可少的，它是环境绿化的铺垫。图 5-103 所示小区绿化景观图，青葱的草地和周边的灌木、草丛、树木等互相映衬，展现了小区环境的干净、优雅。

图 5-103　小区绿化效果图

图 5-104 所示为夜景效果图中的草地效果，大面积的草地在周围灯光的映射下生机勃勃，给人以美的享受。

图 5-105 所示为高层建筑前的草地，该类草地的颜色一般不是很青翠，而是略微偏暗，从色彩上给人一种稳重、不张扬的感受，符合建筑的气势。

图 5-104　夜色中的草地效果　　　　图 5-105　高层建筑前的草地效果

在处理室外效果图的草地时，可以直接在制作草地的位置使用相应的工具填充草地的颜色，然后再使用"噪波"滤镜命令制作出草地的效果。但是这种方法制作的草地呆板、不真实，因此现在很少使用。

也可以直接调用现成的草地素材，不做过多的调整，这样的草地看起来效果比较真实。但是前提是草地的色调、透视必须和场景所要表现的效果相匹配，如图 5-106 所示。

最常用的方法是合成法，也就是同时引用多种草地素材，使用 Photoshop 中的图层工具与其他工具对其进行合成，使其按照真实的透视原理合成为一个整体。这种处理方法的特点是颜色绚丽，草地富于变化，如图 5-107 所示。

图 5-106　直接引用草地素材的效果

图 5-107　合成法制作的草地效果

还有一种方法是使用复制草地的方法来制作大片的草地效果，一般适用于大型的鸟瞰效果图场景。

5.5.1　直接调用

直接调用草地的方法非常简单，就是直接添加草地图像到效果图中，根据情况进行调整即可。

动手操作——直接调用草地素材

❶ 在菜单栏中选择"文件｜打开"命令，打开随书配套光盘中的"素材"\"第 5 章"\"直接调用草地 .tga"文件，如图 5-108 所示。

❷ 在菜单栏中选择"文件｜打开"命令，打开随书配套光盘中的"素材"\"第 5 章"\"草地 .jpg"文件，如图 5-109 所示。

图 5-108　打开的图像文件

图 5-109　打开的图像文件

③ 选择直接调用草地图像，打开"通道"面板，从中可以看到 Alpha1 通道，按住 Ctrl 键，单击 Alpha1 通道前面的缩览图，将其通道载入选区，如图 5-110 所示。

④ 载入建筑选区后，在"图层"面板中选择"背景"图层，按 Ctrl+J 组合键，复制选区中的图像到新的图层中，如图 5-111 所示。

图 5-110 载入 Alpha1 通道

图 5-111 复制选区到新的图层

⑤ 使用 ⊕ (移动工具)，将草地拖曳到效果图中，并将草地图层放置到"图层 1"图层的下方，如图 5-112 所示。

添加草地后可以看到草地与马路衔接得不自然，接下来将对其进行调整。

⑥ 使用 ∨ (多边形套索工具)，选择左下角的区域，如图 5-113 所示。

图 5-112 将草地拖曳到效果图中

图 5-113 创建选区

⑦ 按 Shift+F6 组合键，在弹出的"羽化选区"对话框中设置"羽化半径"为 5 像素，单击"确定"按钮，如图 5-114 所示。

⑧ 设置选区的羽化后，选择"图层 1"图层，按 Delete 键将选区中的马路删除一部分，得到如图 5-115 所示的效果。

⑨ 选择作为草地的图层，按 Ctrl+M 组合键，在弹出的"曲线"对话框中调整曲线，单击"确定"按钮，如图 5-116 所示。

⑩ 设置后的草地效果，如图 5-117 所示。

⑪ 将制作完成的效果存储为"直接调用草地的制作 .psd"文件。

图 5-114　设置选区的羽化

图 5-115　羽化效果

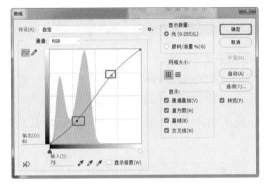

图 5-116　设置曲线

图 5-117　调整曲线后的效果

5.5.2　复制调用

复制法制作草地，顾名思义就是通道复制草地素材来制作草地效果。

动手操作——复制调用草地素材

① 在菜单栏中选择"文件 | 打开"命令，打开随书配套光盘中的"素材"\"第 5 章"\"复制草地 .tga"和"复制草地通道 .tif"文件，如图 5-118 和图 5-119 所示。

图 5-118　打开的效果图

图 5-119　打开的通道图

② 使用 ⊕ (移动工具)，将通道图拖曳到效果图，并在"图层"面板中选择"背景"图层，按 Ctrl+J 组合键，复制"背景拷贝"图层，如图 5-120 所示。

③ 在菜单栏中选择"文件｜打开"命令，打开随书配套光盘中的"素材"\"第 5 章"\"草地 .jpg"文件，如图 5-121 所示。

图 5-120 复制图层 　　　　　　　　　　图 5-121　打开草地素材

④ 使用 ⊕ (移动工具)，将草地素材拖曳到效果图中，按 Ctrl+T 组合键，打开自由变换框，调整素材的大小，如图 5-122 所示。调整素材后，按 Enter 键，确定调整。

⑤ 调整素材的大小后，选择 ⊕ (移动工具)，按住 Alt 键，移动复制草地图像，如图 5-123 所示。

　　图 5-122　调整草地素材 　　　　　　　　图 5-123　复制草地素材

⑥ 按住 Alt 键，单击"通道"图层前面的 ⊙ (指示图层可见性)图标，仅显示"通道"图层，并将该图层选中。选择 ✐ (魔棒工具)，按住 Shift 键，在草地的颜色上单击，创建草地选区，如图 5-124 所示。

⑦ 创建选区后，将两个草地图层合并为一个图层，并为其施加 ▣ (添加蒙版)，创建图层蒙版，如图 5-125 所示。

⑧ 在菜单栏中选择"文件｜打开"命令，打开随书配套光盘中的"素材"\"第 5 章"\"大树 .psd"文件，如图 5-126 所示。

⑨ 在打开的"大树 .psd"文件中选取需要的树并拖曳到效果图中，调整其素材的大小和位置，如图 5-127 所示。

⑩ 将制作完成的效果存储为"复制草地的制作 .psd"文件。

图 5-124　创建草地选区

图 5-125　添加图层蒙版

图 5-126　打开大树素材

图 5-127　调整素材的大小和位置

5.5.3　草地制作的注意事项

草地也是效果图的一部分，它处理得好坏直接影响到效果图的成败。在制作草地时需要注意以下几点。

(1) 透视规律。

草地同样也遵循效果图近大远小、近实远虚的透视规律。因此在处理草地时，远处的草地可以处理得粗糙些，而近处的草地则要纹理清晰，如图 5-128 所示。

图 5-128　草地透视效果

(2) 明暗关系。

由于受光照及植物遮挡的影响，草地本身的颜色并不是一成不变的，它会随着这些因素的变化而呈现出不同的光影效果。

- 如图 5-129 所示，受近景树木的遮挡，近处的草地颜色很深，而远处的草地由于光照的原因，它的颜色相对明亮些。
- 图 5-130 为夜景中的草地效果，远处受建筑物内灯光照射的影响，草地颜色偏亮，而近处因为灯光较弱，草地呈现颜色较重。
- 夜景中的草地一般颜色较深，只有在有灯光的地方才能呈现出不同的绿色，这样就把草地的明暗关系表现出来了，而且使草地层次更加丰富。

图 5-129　日景草地明暗关系　　　图 5-130　夜景草地明暗关系

(3) 合理种植。

草地的种植是很有讲究的。园林、小区、湿地等地方的草地颜色以鲜绿为主，草地要茂盛，很有生命力，体现环境的优雅和生机勃勃，如图 5-131 至图 5-133 所示。

图 5-131　小区　　　　图 5-132　公园　　　　图 5-133　湿地

稳重、色彩不轻浮、纹理简单的草地，常见于办公楼、高层建筑等场景中，如图 5-134 和图 5-135 所示。

图 5-134　高层建筑　　　图 5-135　办公场所

5.6　配景添加原则

进行室外效果图后期处理，必须为场景添加一些合适的树木配景，这样可以使建筑与环境融为一体。作为建筑配景的植物种类有高大的乔木、低矮的灌木、花丛等，通过它们高低不同、错落有致的排列和搭配，可以形成丰富多彩、赏心悦目的效果图场景。

树木配景的添加一般遵循以下几个原则。

(1) 符合规律。

树木配景通常分为远景树、中景树、近景树 3 种，处理好这 3 种树木配景的前后关系，可以增强效果图场景的透视感。在处理这 3 种配景时，也要遵循近大远小、近实远虚的透视原理。远景树配景要处理得模糊些、颜色暗淡些，中景树次之，近景树要纹理清晰，颜色明亮。调整好透视关系后，还要根据场景的光照方向为树木配景制作阴影效果，如图 5-136 所示。

图 5-136　树木配景

(2) 季节统一。

添加树木配景时还要注意所选择树木配景的色调和种类要符合地域和季节特色。例如，如果在一个效果图中，既有篱笆上的黄色迎春花，又有池塘里的荷花，这样就不符合实际，因为这两种花不可能在同一个季节开放。

(3) 疏密有致。

树木配景并不是种类和数量越多越好，毕竟它的存在是为了陪衬主体建筑，因此，树木配景只要能和主体建筑相映成趣，并注意透视关系和空间关系，切合实际即可。

5.7　小结

本章通过几个既典型又实用的实例制作过程，讲述了效果图各种情况下投影和倒影的制作方法，以及草地、天空、玻璃材质、人物配景和树木配景的处理方法。希望读者能够认真体会制作的思路及方法，并将制作方法灵活运用，以使自己的制作水平达到一个更高的层次，制作出更加逼真的效果图作品。

第6章
室外效果图的构图和修饰

在本章中将主要介绍调整整体的构图、建筑的主次关系以及如何美化和修饰建筑效果图。

6.1 调整构图

一般情况下直接从 3ds Max 中渲染输出的位图很难满足用户对画面构图的需要，因此往往都会在 Photoshop 中调整画面的构图关系，以达到画面的统一、合理。其实，效果图的构图没有什么既定的法则，具体的构图形式应该根据建筑的设计形式、建筑风格以及用户的要求等方面来确定。

6.1.1 位置线

在进行效果图的后期处理时，位置线可以辅助我们把主体建筑安放在合适的位置。位置线并不是画面的组成部分，这必然考验创作者对画面的整体把握能力。

在效果图的后期处理过程中，将直面上下左右各三等分，这种平分线就是位置线，如图 6-1 所示。

图 6-1 横位置线和竖位置线

用位置线的格式放置主体建筑时，主体建筑应该放在位置线上任意 3 个格的偏左或偏右处。主体建筑尽量不要摆放在位置线的正中间，这样既可以避免画面构图呆板的情况，又利于为场景添加配景素材，使画面的构图更舒适合理。

6.1.2 构图原则

不同的美术作品具有不同的构图原则，对于建筑装饰效果图来说，基本上遵循平衡、统一、比例、节奏、对比等基本原则。

● 平衡：所谓平衡是指空间构图中各元素的视觉分量给人以稳定的感觉。平衡有对称平衡和非对称平衡之分：对称平衡是指画面中心两侧或四周的元素具有相等的视觉分量，给人以安全、稳定、庄严的感觉；非对称平衡是指画面中心两侧或四周的元素比例不等，但是利用视觉规律，通过大小、形状、远近、色彩等因素来调节构图元素的视觉分量，从而达到一种平衡状态，给人以新颖、活泼、运动的感觉。如

图 6-2 所示，如果没有左上角的枝叶，画面就会显得左右不均衡，加上左边的枝叶配景后，整个画面看起来就平衡了。

● 统一：统一也就是使画面拥有统一的思想与格调，把所涉及的构图要素运用艺术的手法创造出协调统一的感觉。这里所说的统一，是指构图元素的统一、色彩的统一、氛围的统一等多方面的，如图 6-3 所示。

图 6-2　平衡法　　　　　　　　　　　　　　　　图 6-3　色彩的统一

● 比例：一是指造型比例，二是指构图比例，这里说的是构图比例。对于室内效果图来说，室内空间与沙发、床、吊灯、植物配景等要保持合理的比例；而对于室外建筑装饰效果图来说，主体与环境设施、人物、树木等要保持合理的比例，如图 6-4 所示。

● 节奏：节奏体现了形式美。节奏就是有规律的重复，各空间要素之间具有单纯的、明确的、秩序井然的关系，使人产生匀速有规律的动感。在效果图中将造型或色彩以相同或相似的序列重复交替排列可以获得节奏感。自然界中有许多事物由于有规律地重复出现，或者有秩序地变化，给人以美的感受，如图 6-5 所示。

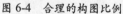

图 6-4　合理的构图比例　　　　　　　　　　　图 6-5　充满韵律的节奏感

● 对比：有效地运用任何一种差异，通过大小、形状、方向、色彩、明暗及情感对比等方式，都可以引起人们的注意力，如图 6-6 所示。

图 6-6　统一中求变化

6.1.3　裁切法

裁切法就是直接运用工具箱中的 ⼛.（裁剪工具），将图像中多余的区域裁剪掉，从而使得图像的构图比例变得均衡。

动手操作——裁切法

① 在菜单栏中选择"文件｜打开"命令，打开随书配套光盘中的"素材"\"第 6 章"\"裁剪法 .tif"文件，如图 6-7 所示。

② 选择 ⼛.（裁剪工具），然后在图像中拖动鼠标，得到如图 6-8 所示的裁剪区域。

图 6-7　打开图像　　　　　　　图 6-8　创建裁剪区域

③ 按 Enter 键，确认裁剪操作。图像效果如图 6-8 所示。

 技巧

确认裁切操作，除了按 Enter 键外，也可以在裁剪区域内快速双击确认裁剪操作，如图 6-9 所示。

图 6-9　确定裁剪

④ 将制作的图像存储为"裁剪构图 .tif"文件。

6.1.4　添加法

添加法就是在画面中感觉构图偏的位置加上合适的其他配景，以此把画面的重心扶正，使整个画面从视觉上看起来是均衡的。

动手操作——添加法

① 打开上一节存储的"裁剪构图 .tif"文件，然后再打开随书配套光盘中的"素材"\"第 6 章"\"添加植物 .psd"文件，如图 6-10 所示。

下面将树配景素材拖曳到"裁剪构图"场景中，使画面看起来更加均衡一些。

② 使用 ▣ (移动工具)，将近景树配景素材图片拖曳到"裁剪构图"场景中，并调整其大小和位置，如图 6-11 所示。

图 6-10　打开的素材图像　　　　图 6-11　添加素材到场景中

③ 将制作的图像存储为"添加构图 .psd"文件。

6.1.5　透视裁剪法

在渲染的效果图中难免会出现一些透视效果让人感觉非常不舒服，这时我们使用 Photoshop 只要轻松几步就能将其修复。

动手操作——修正透视图像

1 在菜单栏中选择"文件丨打开"命令，打开随书配套光盘中的"素材"\"第6章"\"修正透视图像 .tif"文件，打开的图像如图 6-12 所示。

2 在工具箱中选择🔲（透视裁剪工具），然后拖动裁剪区域，并调整 4 个角上的控制点，使其与建筑的两侧平行，如图 6-13 所示。

图 6-12　打开的建筑图像　　　　　图 6-13　创建裁剪区域

3 再次调整一下建筑周围的宽度裁剪区域，如图 6-14 所示。

4 按 Enter 键，确定裁剪，如图 6-15 所示。

5 将修改后的图像存储为"修正透视图像的制作 .tif"文件。

　　修正透视效果还可以通过调整变换框，直接将透视效果变换成正常，或者使用"镜头校正"滤镜来调整透视效果。

图 6-14　调整裁剪区域　　　　　图 6-15　确定裁剪

　　使用🔲（透视裁剪工具）不但可以以创建点的方式创建透视框，还可以以矩形的方式创建，然后拖动控制点到透视边缘。

6.1.6 图像大小

对于图像最关注的属性主要包括尺寸、大小及分辨率这3点。执行"图像 | 图像大小"菜单命令或按Alt+Ctrl+I组合键，打开"图像大小"对话框，在"像素大小"选项组下可以修改图像的像素大小，而更改图像的像素大小不仅会影响图像在屏幕上的大小，还会影响图像的质量及其打印特性（图像的打印尺寸和分辨率），如图6-16所示。

图6-16 "图像大小"对话框

- 图像大小：显示为图像占用的硬盘空间大小。
- 尺寸：以像素为单位，显示长宽。
- 宽度：显示图像宽度尺寸。
- 高度：显示图像高度尺寸。
- 分辨率：从中显示当前图像的分辨率。
- 重新采样：从中选择修改图像大小后的采样类型。

> 在调整图像时尽量锁定长宽比，否则就会出现比例失调的效果，如图4-2和图4-3所示（图4-3重新设置了"宽度"为10、"高度"为8的图像大小），可以看到调整后的效果显然是整张图都变窄了，这就丢失了正确的比例。

6.1.7 画布大小

图像大小是指图像的"像素大小"；画布大小是指工作区域的大小，它包含图像和空白区域。这就是图像大小与画布大小的本质区别。打开一张图像，如图6-17所示。想要分别对画布的宽度、高度、定位和扩展背景颜色进行调整，可以执行"图像 | 画布大小"菜单命令，打开"画布大小"对话框，在该对话框中调整相应的数值即可，如图6-18所示。增大画布大小，原始图像大小不会发生变化，而增大的部分则使用选定的填充颜色进行填充，如图6-19所示。减小画布大小，图像则会被裁切掉一部分，如图6-20所示。

- 当前大小：此选项组下显示的是文档的实际大小，以及图像的宽度和高度的实际尺寸。
- 新建大小：是指修改画布尺寸后的大小。当输入的"宽度"和"高度"值大于原始画布尺寸时, 会增大画布。当输入的"宽度"和"高度"值小于原始画布尺寸时, Photoshop 会裁切超出画布区域的图像。

图 6-17　原始图像大小　　　　　　　图 6-18　"画布大小"对话框

- 相对: 选中时, "宽度"和"高度"数值将代表实际增加或减少的区域的大小, 而不再代表整个文档的大小。输入正值表示增加画布, 输入负值表示减小画布。
- 定位: 此选项主要用来设置当前图像在新画布上的位置。
- 画布扩展颜色: 是指填充新画布的颜色。如果图像的背景是透明的, 那么"画布扩展颜色"选项将不可用, 新增加的画布也是透明的。

图 6-19　增大画布　　　　　　　　　图 6-20　裁剪画布

6.2　建筑的主次关系

在效果图中, 一般存在的建筑分别为主建筑和辅助建筑。主建筑是整幅效果图中主要表现的是建筑, 辅助建筑则是通过添加和调整来辅助整个效果图达到一定美化效果的存在。

6.2.1　调整主建筑与环境的色调相符

一幅完整的效果图不仅要有优美的造型结构, 还要有和谐统一的环境气氛, 这主要体现在主体建筑和周围环境的相互谐调上。因为只有建筑和环境相融合了, 才能体现出那种水乳交融的意境, 效果图才会显得更加真实、自然, 如图 6-21 所示为修改建筑颜色的前后对比。

图 6-21　修改建筑颜色的前后对比

动手操作——调整主建筑色调

❶ 在菜单栏中选择"文件│打开"命令，打开随书配套光盘中的"素材"\"第6章"\"修改建筑色彩 .psd"文件，打开的效果图如图 6-22 所示。

图 6-22　打开的效果图

❷ 在"图层"面板中选择建筑所在的图层，按 Ctrl+B 组合键，打开"色彩平衡"对话框，从中设置"色阶"参数，如图 6-23 所示。

❸ 调整色彩平衡后得到如图 6-24 所示的效果，在调整色彩平衡时，可以实时预览观察效果，避免越调色调与环境色调差距越大。

图 6-23　设置"色阶"参数　　　　　　　　　　图 6-24　调整的建筑效果

❹ 将制作完成的效果存储为"修改建筑色彩的制作 .psd"文件。

6.2.2 调整远景配景

在建筑效果图的制作中，由于层次的关系，越远的配景建筑就会越模糊。

动手操作——调整远景配景效果

① 在菜单栏中选择"文件 | 打开"命令，打开随书配套光盘中的"素材"\"第 6 章"\"远景配景 .psd"文件，打开含有图层的效果图，如图 6-25 所示。

图 6-25 打开的建筑效果图

② 在工具箱中选择 （吸管工具），从效果图中远景建筑中的天空位置吸取颜色，设置为前景色，如图 6-26 所示。

③ 在工具箱中选择 （渐变工具），在工具选项栏中选择渐变色块，弹出"渐变编辑器"对话框，选择渐变为前景色到透明渐变，单击"确定"按钮，如图 6-27 所示。

图 6-26 设置前景色

图 6-27 选择渐变类型

④ 在"图层"面板中按住 Ctrl 键，单击"配楼 01"图层的缩览图，将其载入选区，在"配楼 01"图层的上方新建一个"图层 1"图层，并填充选择的渐变，如图 6-28 所示。

⑤ 填充渐变后，设置作为雾效的图层的不透明度，合适即可，如图 6-29 所示。

⑥ 将制作完成的效果存储为"远景配景的制作 .psd"文件。

图 6-28 填充建筑选区

图 6-29 设置雾效图层的不透明度

6.3 美化和修饰建筑效果图

在处理建筑效果图后期时，都会为效果图进行美化处理，如使整体变得锐化清晰一些，整体变得柔美梦幻一些以及制作晕影等效果。

6.3.1 锐化效果图

锐化效果图其实主要是让整体效果图变得更加清晰。

动手操作——制作锐化效果图

❶ 在菜单栏中选择"文件｜打开"命令，打开随书配套光盘中的"素材"\"第6章"\"锐化效果图 .tif"文件，打开的效果图如图 6-30 所示。

❷ 在打开的效果图中按 Ctrl+J 组合键，复制"背景"图层到"图层 1"图层中。在菜单

栏中选择"滤镜｜其它｜高反差保留"命令，在弹出的"高反差保留"对话框中设置"半径"为 1 像素，单击"确定"按钮，如图 6-31 所示。

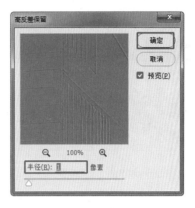

图 6-30　打开的效果图　　　　　　　图 6-31　设置"高反差保留"

③ 设置"图层 1"图层的高反差保留效果后，设置其图层的混合模式为"叠加"，如图 6-32 所示。

图 6-32　完成的锐化效果

6.3.2　柔和的高光效果

所谓的高光效果，主要是通过提取高光选区，然后设置高光的模糊来完成的。

动手操作——制作柔和的高光效果

① 在菜单栏中选择"文件｜打开"命令，打开随书配套光盘中的"素材"\"第 6 章"\"柔和的高光效果 .tif"文件，打开的效果图如图 6-33 所示。

② 按 Ctrl+Shift+Alt+2 组合键提取高光，如图 6-34 所示高光区域会被选中。

③ 按 Ctrl+J 组合键复制高光至新图层，在菜单栏中选择"滤镜｜模糊｜高斯模糊"命令，弹出"高斯模糊"对话框，设置"半径"为 20.8 像素，如图 6-35 所示。

④ 设置模糊的高光图层混合模式为"滤色"，并设置合适的"不透明度"，如图 6-36 所示。

图 6-33　打开的效果图

图 6-34　提取高光选区

图 6-35　设置"高斯模糊"

图 6-36　设置图层的属性

6.3.3　喷光效果

制作喷光效果主要是为了制作物体反射周围环境和灯光。

动手操作——制作喷光效果

① 在菜单栏中选择"文件｜打开"命令，打开随书配套光盘中的"素材"\"第6章"\"喷光.tif"文件，打开的效果图如图6-37所示。

图6-37　打开素材文件

② 在"图层"面板中新建一个"图层1"图层，双击图层名称，在弹出的"图层样式"对话框中取消选中"透明形状图层"复选框，如图6-38所示，单击"确定"按钮。

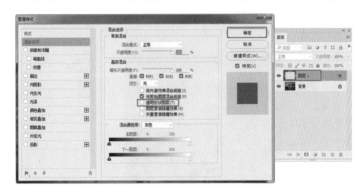

图6-38　设置图层样式

③ 使用 ▷（多边形套索工具）在效果图中绘制如图6-39所示的选区。

④ 在工具箱中单击"前景色"图标，在弹出的"拾色器（前景色）"对话框中设置RGB为207、141、90，单击"确定"按钮，如图6-40所示。

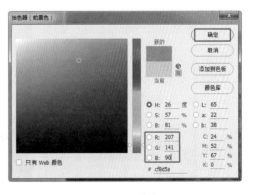

图6-39　创建选区　　　　　　　　图6-40　设置前景色

⑤ 选择工具箱中的 ■ (渐变工具)，在工具选项栏中单击渐变色块，弹出"渐变编辑器"对话框，从中选择渐变为前景色到透明渐变，并设置左侧色标的"不透明度"为50%，单击"确定"按钮，如图6-41所示。

⑥ 在效果图中由右至左填充选区，如图6-42所示。按Ctrl+D组合键，取消选区的选择。

图6-41　设置渐变色

图6-42　填充选区

⑦ 设置图层的混合模式为"颜色减淡"，如图6-43所示。

图6-43　设置图层混合模式

在图6-43中可以看出边缘较为生硬，下面将对其进行模糊处理。

⑧ 在菜单栏中选择"滤镜｜模糊｜高斯模糊"命令，在弹出的"高斯模糊"对话框中设置"半径"为20像素，单击"确定"按钮，如图6-44所示。

图6-44　设置模糊效果

⑨ 将制作完成的效果存储为"喷光的制作 .psd"文件。

6.3.4 晕影效果

晕影是在摄影和光学中，出现图像周围的亮度或饱和度比中心区域低的现象。下面使用 Photoshop 来制作晕影的效果。

动手操作——制作晕影效果

① 在菜单栏中选择"文件 | 打开"命令，打开随书配套光盘中的"素材"\"第 6 章"\"晕影 .tif"文件，打开的效果图如图 6-45 所示。按 Ctrl+J 组合键，复制图像到"图层 1"图层中。

图 6-45　打开的效果图

② 按 Ctrl+M 组合键，在弹出的"曲线"对话框中调整曲线的形状，压暗效果图，如图 6-46 所示。

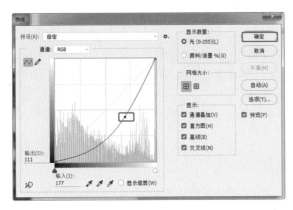

图 6-46　调整曲线

③ 设置图层的混合模式为"正片叠底"，设置"不透明度"为 50%，如图 6-47 所示。

④ 选择工具箱中的 ◢.（橡皮擦工具），在工具选项栏中设置合适的柔边笔触，并在效果图中擦除"图层 1"图层中的图像，使其起到压暗四周的效果，如图 6-48 所示。

图 6-47　设置图层属性

图 6-48　擦除图像

⑤ 将制作完成的效果存储为"晕影的制作 .psd"文件。

6.4　小结

　　本章通过实例操作讲述了如何调整效果图的构图，并讲述了主建筑和辅助建筑的修饰和调整，最后介绍了通过简单的方法来设置效果图的锐化、柔和高光、喷光以及晕影的制作。这些操作的后期处理主要是修饰效果图的缺憾，希望读者通过对本章的学习能够熟悉和灵活运用各种效果的制作。

第 7 章

室外效果图中光效的处理

在制作室外效果图时，经常会遇到室外各种光效的制作或处理，光效可以使整个效果图的层次更加丰富。

本章主要介绍室外效果图中常用光效的处理和制作，包括如何处理建筑光柱、路灯光效、草地灯光效、聚光灯光效、玻璃强光光效以及太阳光束的模拟、太阳光晕的制作、汽车流光的制作等。

在本章的最后，将介绍如何在日景效果图的基础上，处理为夜景效果图。

7.1 建筑光柱

由于灯光的效果，在许多建筑上方都会隐约出现光柱，下面通过一个案例制作来讲述如何在 Photoshop 中为建筑添加光柱。

动手操作——制作建筑光柱

❶ 在菜单栏中选择"文件 | 打开"命令，打开随书配套光盘中的"素材"\"第 7 章"\"建筑光柱 .tif"文件，如图 7-1 所示。

图 7-1 打开的建筑效果图

❷ 在打开的建筑效果图中，使用 ▢ (矩形选框工具) 在如图 7-2 所示的位置创建矩形选区。

❸ 选择工具箱中的 ▇ (渐变工具)，在工具选项栏中单击渐变色块，在弹出的"渐变编辑器"对话框中设置"不透明度"为 50% 的透明到白色的渐变，如图 7-3 所示。

图 7-2 创建矩形选区

图 7-3 设置渐变

❹ 在"图层"面板中新建一个"图层 1"图层，在矩形选区中由下向上创建填充，如图 7-4 所示。填充渐变后，按 Ctrl+D 组合键，取消选区的选择。

❺ 按 Ctrl+T 组合键，打开自由变换框，右击自由变换框，在弹出的快捷菜单中选择"透视"命令，调整渐变图像，如图 7-5 所示。

图 7-4 填充选区

图 7-5 调整的形状

⑥ 设置"图层 1"图层的混合模式为"柔光",如图 7-6 所示。

图 7-6 设置图层混合模式

⑦ 选择工具箱中的 ✎.(橡皮擦工具),在工具选项栏中设置合适的柔边笔触和大小,擦除遮挡住建筑的部分区域,如图 7-7 所示。

图 7-7　擦除遮挡图像的区域

此时，可以看出光柱的两侧较为生硬，下面将对其进行调整。

⑧ 在菜单栏中选择"滤镜｜模糊｜高斯模糊"命令，在弹出的"高斯模糊"对话框中设置"半径"为 15 像素，单击"确定"按钮，如图 7-8 所示。

⑨ 高斯模糊后的效果如图 7-9 所示。

图 7-8　设置模糊　　　　　　　　　　　图 7-9　高斯模糊后的效果

⑩ 将制作完成的效果存储为"建筑光柱的制作 .psd"文件。

7.2　路灯光效

在室外的夜景中，最多的光效就是路灯光效。路灯光效在 3ds Max 软件中制作较为复杂，反而在 Photoshop 中相对来说制作较为简单，所以一般制作建筑效果图时路灯光效都会留给后期处理。

动手操作——制作路灯光效

下面通过实例来介绍路灯光效的制作。

① 在菜单栏中选择"文件｜打开"命令，打开随书配套光盘中的"素材"\"第 7 章"\"路灯 .tif"文件，如图 7-10 所示。

② 选择工具箱中的 ■ (渐变工具)，在工具选项栏中单击渐变色块，在弹出的 "渐变编辑器"对话框中设置 "不透明度"为 50% 的透明到暖黄色的渐变，如图 7-11 所示。

图 7-10　打开的素材　　　　　　图 7-11　设置渐变

③ 在工具选项栏中选择渐变类型为 ■ (径向渐变)，如图 7-12 所示。

图 7-12　设置渐变类型

④ 在 "图层"面板中新建一个 "图层 1"图层，并在路径灯罩的位置创建渐变，如图 7-13 所示。

⑤ 填充渐变后，设置图层的混合模式为 "强光"，如图 7-14 所示。

图 7-13　创建渐变　　　　　　图 7-14　设置图层的混合模式

⑥ 在菜单栏中选择 "文件 | 打开"命令，打开随书配套光盘中的 "素材"\"第 7 章"\"光晕 .psd"文件，如图 7-15 所示。

⑦ 使用 ✛ (移动工具) 将光晕拖曳到效果图中，调整光晕的大小和位置，设置光晕图层的混合模式为 "变亮"，设置 "不透明度"为 50%。选择 ✛ (移动工具)，按住 Alt 键，移动复制光晕，得到如图 7-16 所示的效果。

⑧ 将制作完成的效果存储为 "路灯光效 .psd"文件。

图 7-15　打开的光晕素材

图 7-16　设置光晕属性

7.3 草地灯光效

草地灯是绿化中常用的灯具，其光效也是根据环境和灯的类型来制作的，下面将以一个常用草地灯为例进行介绍。

动手操作——制作草地灯光效

①在菜单栏中选择"文件 | 打开"命令，打开随书配套光盘中的"素材"\"第 7 章"\"草地灯 .tif"文件，如图 7-17 所示。

②使用 ✎（魔棒工具）在草地灯的灯罩处创建选区，如图 7-18 所示。

图 7-17　打开的素材文件

图 7-18　创建选区

③创建选区后，按 Ctrl+J 组合键，将选区复制到新的图层中，按 Ctrl+M 组合键，在弹出的"曲线"对话框中调整曲线，提亮图像，单击"确定"按钮，如图 7-19 所示。

④在"图层"面板中新建一个"图层 2"图层，并移到"图层 1"图层的下方，选择 ◯.（椭圆选框工具），按住 Shift 键，在灯罩的位置创建两个椭圆选区，并填充为白色，如图 7-20 所示。填充选区后，按 Ctrl+D 组合键，取消选区的选择。

⑤按住 Ctrl 键，单击"图层 1"图层前面的缩览图，将其载入选区。选择"图层 2"图层，单击 ◻（添加图层蒙版）按钮，为图像添加蒙版，如图 7-21 所示。

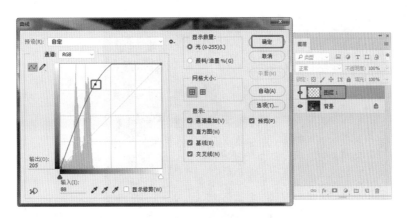

图 7-19　调整曲线

图 7-20　创建椭圆选区并填充

图 7-21　为图像设置蒙版

⑥ 设置"图层 1"图层的"不透明度"为 50%，如图 7-22 所示。

⑦ 新建一个"图层 3"图层，设置白色到透明的渐变，并填充渐变，如图 7-23 所示。

图 7-22　设置不透明度

图 7-23　填充渐变

⑧ 设置"图层 3"图层的"不透明度"为 30%，如图 7-24 所示。

图 7-24　设置不透明度

7.4 聚光灯光效

聚光灯光效一般都是用于射灯,室外的射灯常用于为一些标志性的东西照明。

动手操作——制作聚光灯光效

①在菜单栏中选择"文件 | 打开"命令,打开随书配套光盘中的"素材"\"第7章"\"聚光效果 .tif"文件。按 Ctrl+J 组合键,复制图像到"图层1"图层中,如图 7-25 所示。

图 7-25 打开的素材文件

②在菜单栏中选择"滤镜 | 渲染 | 光照效果"命令,可以进入光照效果模式,在图中拖曳控制点,可以调整光照的变形,通过移动中心位置点,可以调整光照的位置,在"属性"面板中设置合适的"强度",如图 7-26 所示。

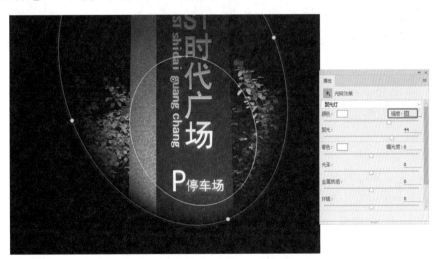

图 7-26 设置光照效果

如果要退出光照效果模式,可以单击选项栏中的"确定"按钮;如果想重新调整光照效果,可以单击"复位"按钮。

③ 继续添加一个光照效果，如图 7-27 所示。

④ 添加光照后，设置"图层 1"图层的混合模式为"变亮"，效果如图 7-28 所示。

图 7-27　添加第二个光照　　　　　　　　图 7-28　设置图层混合模式

⑤ 在"图层"面板中新建一个"图层 2"图层，使用 ▣（矩形选框工具）在如图 7-29 所示的位置创建选区。

⑥ 设置白色到透明的渐变，由下向上拖曳填充选区，如图 7-30 所示。

图 7-29　创建选区　　　　　　　　　　图 7-30　渐变填充选区

⑦ 创建渐变填充后，在菜单栏中选择"编辑｜变换｜扭曲"命令，调整控制点，调整出如图 7-31 所示的形状。调整形状后，按 Enter 键，确定扭曲变换；按 Ctrl+D 组合键，取消选区的选择。

⑧ 设置渐变填充后，按 Ctrl+J 组合键，复制渐变图像，在菜单栏中选择"编辑｜变换｜水平翻转"命令，翻转图像，如图 7-32 所示。

在图 7-32 中可以看出创建的作为追光的渐变边界较为生硬，下面将对其进行模糊处理。

⑨ 选择其中一个渐变图像所在的图层，在菜单栏中选择"滤镜｜模糊｜高斯模糊"命令，在弹出的"高斯模糊"对话框中设置"半径"为 10 像素，单击"确定"按钮，如图 7-33 所示。

选择另一个渐变的图层，按 Ctrl+F 组合键，即可执行最近一次的滤镜命令，设置出图像的模糊。

⑩ 为两个作为渐变的图层分别设置混合模式为"叠加"，如图 7-34 所示。

图 7-31　调整扭曲

图 7-32　翻转图像

图 7-33　设置高斯模糊效果

图 7-34　设置图层的混合模式

⓫ 按住 Ctrl 键，选择两个设置混合模式后的渐变图层，按 Ctrl+J 组合键，复制图层，使光效更加明显，如图 7-35 所示。

图 7-35　复制图层

⑫ 将制作完成的效果存储为"聚光效果的制作 .psd"文件。

7.5 玻璃强光光效

在建筑日景效果中，玻璃是最容易产生强光效果的，在 3ds Max 软件中制作强光效果较为麻烦，一般都会在 Photoshop 中进行处理，玻璃强光光效的处理方法相对简单，下面就通过一个简单的实例进行介绍。

动手操作——制作玻璃强光光效

① 在菜单栏中选择"文件｜打开"命令，打开随书配套光盘中的"素材"\"第 7 章"\"玻璃强光 .tif"文件，如图 7-36 所示。

② 在菜单栏中选择"滤镜｜渲染｜镜头光晕"命令，在弹出的"镜头光晕"对话框中设置"镜头类型"为"电影镜头"，并设置合适的"亮度"，如图 7-37 所示。

③ 设置后的镜头效果如图 7-38 所示。

图 7-36　打开的素材文件　　　图 7-37　设置镜头光晕　　　图 7-38　设置后的镜头效果

④ 将制作完成的效果存储为"玻璃强光的制作 .tif"文件。

7.6 太阳光束的模拟

太阳光束是通过物体缝隙产生的光线聚光效果，下面将通过一个实例介绍如何制作太阳光束。

动手操作——制作太阳光束

① 在菜单栏中选择"文件 | 打开"命令，打开随书配套光盘中的"素材"\"第 7 章"\"太阳光束 .tif"文件，如图 7-39 所示。

② 使用 ᠀（多边形套索工具）框选出需要产生光束的物体缝隙。按 Ctrl+J 组合键，将选区中的图像复制到新的"图层 1"图层中，如图 7-40 所示。

图 7-39　打开素材文件　　　　　　图 7-40　创建并复制选区

③ 隐藏"背景"图层，切换到"通道"面板，选择"蓝"通道，按住 Ctrl 键，单击"蓝"通道前面的缩览图，将白色的区域载入选区，如图 7-41 所示。

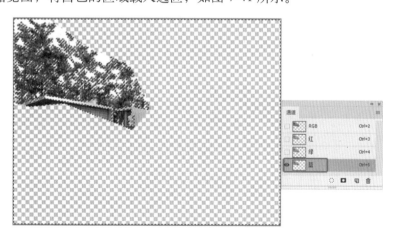

图 7-41　载入选区

④ 选择 RGB 通道，切换到"图层"面板，从中选择"图层 1"图层，按 Ctrl+J 组合键，将选区中的图像复制到新的"图层 2"图层中，如图 7-42 所示。

⑤ 选择"图层 2"图层，隐藏"图层 1"图层，按 Ctrl+U 组合键，在弹出的"色相 / 饱和度"对话框中设置"明度"为 100，单击"确定"按钮，如图 7-43 所示。

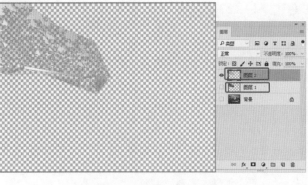

图 7-42　复制选区中的图像　　　　　　　　　图 7-43　设置明度

⑥ 选择"图层 2"图层，在菜单栏中选择"滤镜｜模糊｜动感模糊"命令，在弹出的"动感模糊"对话框中设置动感模糊的"角度"和"距离"，如图 7-44 所示。

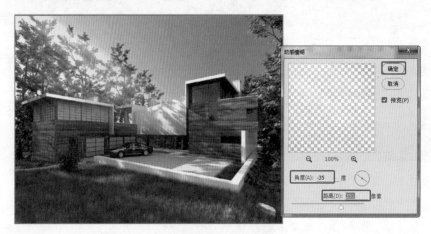

图 7-44　设置动感模糊

⑦ 按 Ctrl+T 组合键，调整光效的大小，如图 7-45 所示。

⑧ 设置图层的"不透明度"为 70%，如图 7-46 所示。

⑨ 将制作完成的效果存储为"太阳光束的制作 .psd"文件。

图 7-45　调整光效大小　　　　　　　　　　图 7-46　设置不透明度

7.7 太阳光晕

太阳光晕一般是产生在拍摄的照片中，光圈、光斑和光线在 Photoshop 中可以非常简单地模拟出来。下面将以实例的方式介绍如何制作太阳光晕。

动手操作——制作太阳光晕

① 在菜单栏中选择"文件|打开"命令，打开随书配套光盘中的"素材"\"第 7 章"\"模拟太阳 .tif"文件，如图 7-47 所示。

② 在菜单栏中选择"滤镜|渲染|镜头光晕"命令，在弹出的"镜头光晕"对话框中设置"镜头类型"为"35 毫米聚焦"，并设置合适的"亮度"，如图 7-48 所示。

图 7-47　打开的素材图像

图 7-48　设置光晕

③ 设置后的镜头效果如图 7-49 所示。

图 7-49　设置后的镜头效果

④ 将制作完成的效果存储为"模拟太阳的制作 .tif"文件。

7.8 汽车流光

汽车流光效果是指夜景中汽车灯光显现出的一种动态疾驰光效。

动手操作——制作汽车流光

① 在菜单栏中选择"文件 | 打开"命令，打开随书配套光盘中的"素材"\"第7章"\"汽车流光 .tif"文件，如图 7-50 所示。

图 7-50　打开的素材文件

② 新建一个"图层 1"图层，选择 ⊙ (椭圆选区工具)，在工具选项栏中设置"羽化"为 5，绘制如图 7-51 所示的选区，并填充选区为橘黄色。

图 7-51　填充选区为橘黄色

③ 按 Shift+F6 组合键，在弹出的"羽化选区"对话框中设置"羽化半径"为 30，单击"确定"按钮，如图 7-52 所示。

④ 羽化选区后，继续填充选区为白色，如图 7-53 所示。按 Ctrl+D 组合键，取消选区的选择。

⑤ 按 Ctrl+T 组合键，打开自由变换框，调整高度，如图 7-54 所示。继续调整图像到合适的高度，如图 7-55 所示。

⑥ 调整图像变换后，按 Ctrl+U 组合键，弹出"色相 / 饱和度"对话框，从中选中"着色"复选框，并设置合适的参数，如图 7-56 所示。

⑦ 调整好色调后，设置图层的混合模式为"强光"，设置"不透明度"为 50%，如图 7-57 所示。

图 7-52　设置选区的羽化

图 7-53　填充选区为白色

图 7-54　调整变换

图 7-55　继续调整变换

图 7-56　设置"色相 / 饱和度"参数

图 7-57　设置图层的混合模式

⑧ 选择工具箱中的 ✛.（移动工具），按住 Alt 键移动复制素材图像，如图 7-58 所示。

⑨ 复制素材后，按住 Ctrl 键，将所有的流光图像选中，按 Ctrl+E 组合键将其合并为一个图层，并设置图层的混合模式为"强光"，如图 7-59 所示。

| 图 7-58　移动复制素材 | 图 7-59　合并图层 |

⑩ 选择工具箱中的 ✎.（橡皮擦工具），在工具选项栏中设置合适的柔光和大小，并设置合适的不透明度，调整流光的效果，如图 7-60 所示。

图 7-60　调整流光效果

7.9 日景和夜景的转换

在制作效果图方案时，用户经常会要求把同一场景的日景和夜景效果同时展示出来。设计师既可以在 3ds Max 中获得两种光照效果来满足客户的要求，又可以运用 Photoshop 软件中的相应工具和命令将制作好的日景图片转变成夜景图片。为了提高工作的效率，一般建议直接在 Photoshop 中进行日景和夜景的转换。

在进行日景和夜景的转换时，用户一定要注意场景中色彩和光照效果的变化。虽然是同一场景，但是时间不同，其所表现的氛围肯定也会不同。

动手操作——制作日景变夜景效果

① 在菜单栏中选择"文件｜打开"命令，打开随书配套光盘中的"素材"\"第7章"\"日景.psd"文件，如图7-61所示。

② 在"图层"面板中选择天空所在的图层，按Ctrl+U组合键，在弹出的"色相/饱和度"对话框中设置合适的参数，如图7-62所示。

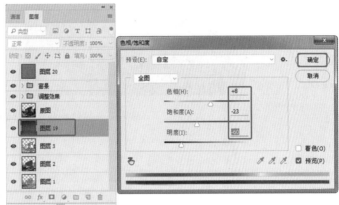

图7-61 打开的素材文件　　　　　　图7-62 调整"色相/饱和度"参数

调整天空的"色相/饱和度"后的效果如图7-63所示。

③ 继续调整天空，在菜单栏中选择"图像｜调整｜亮度/对比度"命令，在弹出的"亮度/对比度"对话框中选中"使用旧版"复选框，设置"亮度/对比度"的参数，如图7-64所示。

图7-63 调整"色相/饱和度"　　　　　图7-64 调整"亮度/对比度"

④ 将原图之外的所有图层隐藏，以便于修改。选择"图层2"图层，使用 ✎（魔棒工具）选择植物和草地，如图7-65所示。

⑤ 创建选区后，选择"原图"图层，在菜单栏中选择"图像｜调整｜亮度/对比度"命令，在弹出的"亮度/对比度"对话框中设置合适的"亮度/对比度"参数，如图7-66所示。

图 7-65　建植物和草地的选区

图 7-66　设置"亮度／对比度"

⑥ 选择"图层 2"图层，在视图中选择建筑颜色，创建建筑选区，如图 7-67 所示。

图 7-67　创建建筑选区

⑦ 创建选区后，选择"原图"图层，按 Ctrl+J 组合键，将建筑复制到新的图层中，命名图层为"建筑"，按 Q 键，进入快速蒙版，创建渐变，如图 7-68 所示。

图 7-68　创建渐变

⑧ 按 Q 键，退出快速蒙版，可以看到创建的选区。选择"建筑"图层，在菜单栏中选择"图像｜调整｜亮度/对比度"命令，在弹出的"亮度/对比度"对话框中选中"使用旧版"复选框，设置合适的参数，如图 7-69 所示。

⑨ 选择"图层 2"图层，在图中选择作为背景辅助建筑的选区，如图 7-70 所示，选择"原图"图层，在菜单栏中选择"图像｜调整｜亮度/对比度"命令，在弹出的"亮度/对比度"对话框中选中"使用旧版"复选框，设置合适的"亮度/对比度"参数，如图 7-71 所示。

图 7-69　设置"亮度/对比度"　　　　　　　图 7-70　创建选区

⑩ 显示"调整效果"图层组，如图 7-72 所示。显示"调整效果"图层组后，可以看到人物的亮度与整体不符，如图 7-73 所示。下面将对其进行调整。

⑪ 选择人物所在的图层，在菜单栏中选择"图像｜调整｜亮度/对比度"命令，在弹出的"亮度/对比度"对话框中设置合适的"亮度"参数，如图 7-74 所示。

图 7-71　设置"亮度/对比度"

图 7-72　显示"调整效果"图层组

图 7-73　显示图层组后的效果

图 7-74　设置人物的亮度

⑫ 显示"窗景"图层组，分别设置图层组中图像的"亮度/对比度"参数，如图 7-75 所示。

⑬ 在"调整效果"图层组中选择"玻璃"图层，按 Ctrl+U 组合键，在弹出的"色相/饱和度"对话框中设置"色相/饱和度"参数，如图 7-76 所示。调整窗景的"色相/饱和度"效果，如图 7-77 所示。

⑭ 选择"图层 1"图层，使用 <span>（魔棒工具），在地灯处创建选区，如图 7-78 所示。

⑮ 创建选区后，选择"原图"图层，按 Ctrl+J 组合键，将选区中的图像复制到新的图层中，命名图层为"地灯"。在菜单栏中选择"图像｜调整｜亮度/对比度"命令，在弹出的"亮度/对比度"对话框中选中"使用旧版"复选框，设置合适的"亮度/对比度"参数，如图 7-79 所示。

⑯ 按 Ctrl+J 组合键，复制出"地灯拷贝"图层，在菜单栏中选择"滤镜｜模糊｜高斯模糊"命令，在弹出的"高斯模糊"对话框中设置合适的模糊半径，如图 7-80 所示。

⑰ 选择工具箱中的 <span>（减淡工具），在工具选项栏中设置合适的柔边笔触，并设置"曝光度"为 30%，如图 7-81 所示。

图 7-75　调整"亮度／对比度"

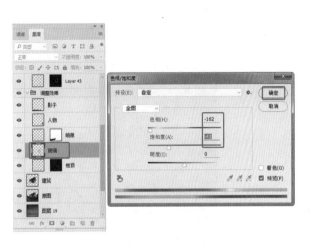

图 7-76　创建玻璃颜色选区

图 7-77　调整窗景后的效果

图 7-78　调整地灯的效果

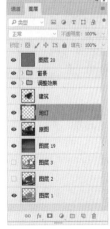

图 7-79　调整"亮度／对比度"

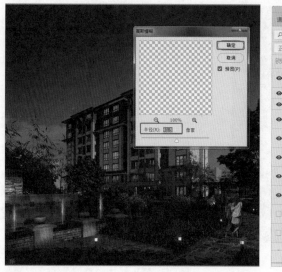

图 7-80　设置"高斯模糊"

图 7-81　设置"曝光度"参数

⑱选择工具箱中的 后，选择"原图"图层，从中涂抹地灯周围的图像，使其变亮，如图 7-82 所示。

⑲打开随书配套光盘中的"素材"\"第 7 章"\"月亮 .tif"文件，如图 7-83 所示。

图 7-82　涂抹地灯周围的图像　　　　　　　　图 7-83　打开月亮素材

⑳使用 ，将月亮素材拖曳到效果图中，调整素材的大小和位置，如图 7-84 所示。

㉑设置月亮图层的混合模式为"滤色"，如图 7-85 所示。

㉒将制作完成的效果存储为"夜景 .psd"文件。

图 7-84 拖曳素材到效果图

图 7-85 设置图层的混合模式

7.10 小结

本章主要讲述了室外各种常用光效的制作方法，其中包括建筑光柱、路灯光效、草地灯光效、聚光灯光效、玻璃强光、太阳光束、太阳光晕、汽车流光以及日景转换为夜景的效果制作等。希望读者通过本章知识的学习，能够熟练掌握和运用本章所学的知识，提高效果图后期处理水平，以制作出高水准的效果图作品。

第8章

特殊效果处理

在完成效果图的后期处理后，为使自己的设计作品在众多竞争者中脱颖而出，设计师往往会进行艺术再加工，为效果图制作一些特殊效果，以此来吸引观者视线。

8.1 下雨效果

　　雨景图在后期处理中不经常见，但是作为一种特殊效果图，有它独特的魅力，因而备受设计师的青睐。

动手操作——制作下雨效果

　　① 在菜单栏中选择"文件｜打开"命令，打开随书配套光盘中的"素材"\"第8章"\"下雨 .tif"文件，如图 8-1 所示。

　　② 在"图层"面板中新建一个"图层 1"图层，并填充当前图层为黑色，如图 8-2 所示。

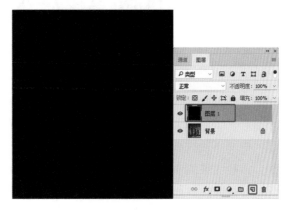

图 8-1　打开的建筑效果图　　　　　　　图 8-2　新建并填充图层

　　③ 填充图层后，在菜单栏中选择"滤镜｜杂色｜添加杂色"命令，在弹出的"添加杂色"对话框中设置合适的"数量"，设置"分布"为"平均分布"，并选中"单色"复选框，如图 8-3 所示。

　　④ 在菜单栏中选择"滤镜｜模糊｜动感模糊"命令，在弹出的"动感模糊"对话框中设置合适的"动感模糊"参数，如图 8-4 所示。

图 8-3　"添加杂色"对话框　　　图 8-4　"动感模糊"对话框

　　⑤ 设置图层的混合模式为"滤色"，效果如图 8-5 所示。

在图 8-5 中可以看到雨效果太密了，下面对其进行调整，使雨更加稀疏和明显。

⑥ 按 Ctrl+L 组合键，弹出"色阶"对话框，从中设置合适的"色阶"参数，如图 8-6 所示。

图 8-5　滤色效果　　　　　　　　　　　　图 8-6　设置"色阶"

⑦ 将制作完成的效果存储为"下雨的制作.psd"文件。

8.2　下雪效果

雪景，作为一类特殊的效果图，表现的主要是白雪皑皑的场景效果，给人一种纯洁、美好的向往。一般雪景的制作方法有两种，一种是通过照片直接转换，另一种是利用雪景素材进行创作。前者的优点在于制作迅速，后者的优点在于雪景素材真实细腻。

本例介绍的是直接将照片快速转换为雪景图的方法。

动手操作——制作下雪效果

① 在菜单栏中选择"文件｜打开"命令，打开随书配套光盘中的"素材"\"第9章"\"下雪.tif"文件，如图 8-7 所示。

② 在菜单栏中选择"选择｜色彩范围"命令，弹出"色彩范围"对话框，在效果图中选择作为高光的绿色植物区域，设置合适的"颜色容差"参数，如图 8-8 所示。

图 8-7　打开的素材文件　　　　　　　图 8-8　"色彩范围"对话框

③ 创建选区后，按 Ctrl+J 组合键，将选区中的图像复制到新的图层中，按 Ctrl+U 组合键，在弹出的"色相/饱和度"对话框中设置"明度"为 100，如图 8-9 所示。

④ 选择工具箱中的 ◢.（橡皮擦工具），在工具选项栏中设置合适的柔光笔触以及"不透明度"，擦除建筑上的白色，如图 8-10 所示。

图 8-9　设置"色相/饱和度"　　　　　　　　图 8-10　擦除图像

⑤ 选择"背景"图层，按 Ctrl+U 组合键，在弹出的"色相/饱和度"对话框中选择颜色为"绿色"，降低"饱和度"，单击"确定"按钮，如图 8-11 所示。

⑥ 按 Ctrl+Alt+Shift+E 组合键，盖印图像到新的图层中，如图 8-12 所示。

图 8-11　设置图像的饱和度　　　　　　　　图 8-12　盖印图像

⑦ 在菜单栏中选择"滤镜｜像素化｜点状化"命令，在弹出的"点状化"对话框中设置合适的参数，单击"确定"按钮，如图 8-13 所示。

⑧ 设置"点状化"效果后，可以多按两次 Ctrl+F 组合键，重复使用"点状化"滤镜，如图 8-14 所示。

⑨ 在菜单栏中选择"滤镜｜模糊｜动感模糊"命令，在弹出的"动感模糊"对话框中设置合适的"动感模糊"参数，如图 8-15 所示。

⑩ 按 Ctrl+U 组合键，在弹出的"色相/饱和度"对话框中设置"饱和度"为 –100，单击"确定"按钮，如图 8-16 所示。

图 8-13　设置"点状化"参数　　　　　　图 8-14　点状化效果

图 8-15　"动感模糊"对话框　　　　　　图 8-16　设置"饱和度"

⑪ 设置图层的混合模式为"滤色"，得到如图 8-17 所示的效果。

⑫ 按 Ctrl+L 组合键，在弹出的"色阶"对话框中设置合适的"色阶"参数，如图 8-18 所示。

图 8-17　图层混合模式效果　　　　　　图 8-18　设置色阶效果

⑬ 将制作完成的效果存储为"下雪的制作 .psd"文件。

8.3　云雾效果

云雾效果在效果图后期处理中也很常见，它是一种天气特征的写照，以其独特的朦胧美感征服人的视觉。

动手操作——制作云雾效果

① 在菜单栏中选择"文件｜打开"命令，打开随书配套光盘中的"素材"\"第 8 章"\"云雾 .jpg"文件，如图 8-19 所示。

② 按 D 键，将颜色设置为默认状态；按 Q 键，进入快速蒙版。在菜单栏中选择"滤镜｜渲染｜云彩"命令，效果如图 8-20 所示。可以多按两次 Ctrl+F 组合键，重复使用"云彩"命令。

图 8-19　打开素材文件

图 8-20　设置云彩

③ 按 Ctrl+T 组合键，放大云彩效果，如图 8-21 所示。

图 8-21　变换云彩

④ 再次按 Q 键，退出快速蒙版。新建一个"图层 1"图层，将其以白色填充，效果如图 8-22 所示。

图 8-22　填充选区

⑤ 填充选区后，按 Ctrl+Shift+I 组合键，将选区反选，并按 Delete 键，删除选区中的云雾图像，如图 8-23 所示。按 Ctrl+D 组合键，取消选区的选择。

图 8-23　删除选区中的图像

⑥ 如果云雾不够明显，可以对云雾图层进行复制，得到如图 8-24 所示的效果。

图 8-24　云雾效果

⑦ 将制作完成的效果存储为"云雾的制作.psd"文件。

8.4　水墨画效果

在 Photoshop 中模拟水墨画的效果很多，制作的最终效果如何还要看原始素材的特点。一般素材中有中式建筑，就比较适合制作水墨画效果。

动手操作——制作水墨画效果

① 在菜单栏中选择"文件｜打开"命令，打开随书配套光盘中的"素材"\"第8章"\"水墨画.tif"文件，如图 8-25 所示。

② 在菜单栏中选择"图像｜调整｜通道混合器"命令，在弹出的"通道混和器"对话框中设置合适的参数，如图 8-26 所示。

图 8-25　打开的素材文件

图 8-26　设置通道混合器

❸ 在"图层"面板中将"背景"图层进行复制，生成"图层 1"图层，并修改该图层的混合模式为"叠加"，图像效果如图 8-27 所示。

❹ 按 Ctrl+Alt+Shift+E 组合键，盖印可见图层，盖印的图层为"图层 2"。

❺ 在菜单栏中选择"滤镜｜杂色｜中间值"命令，在弹出的"中间值"对话框中设置合适的参数，如图 8-28 所示。

图 8-27　设置图层的混合模式

图 8-28　设置中间值

❻ 在菜单栏中选择"滤镜｜滤镜库"命令，在弹出的对话框中选择"画笔描边"选项组中的"喷溅"选项，从中设置"喷溅"参数，如图 8-29 所示。

图 8-29　设置"喷溅"参数

⑦ 单击工具箱中的前景色图标，在弹出的"拾色器（前景色）"对话框中设置前景色的 RGB 为 155、145、125，如图 8-30 所示。

⑧ 在"图层"面板中新建一个"图层 3"图层，使用 🖌（画笔工具），在效果图的墙体上绘制颜色，如图 8-31 所示。

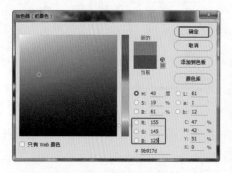

图 8-30 设置前景色

图 8-31 绘制墙体上的颜色

⑨ 将"图层 3"图层的混合模式设置为"正片叠底"，如图 8-32 所示。

图 8-32 设置图层的混合模式

⑩ 新建"图层 4"图层，设置前景色为红色，在红色树叶的区域绘制红色；设置前景色为绿色，涂抹绿色植物区域，如图 8-33 所示。然后设置"图层 4"图层的混合模式为"正片叠底"。

图 8-33 涂抹植物颜色

⑪ 设置前景色的 RGB 为 41、56、72，新建一个"图层 5"图层，在效果图中涂抹瓦片颜色，如图 8-34 所示。

⑫ 设置瓦片图层的混合模式为"正片叠底"，效果如图 8-35 所示。

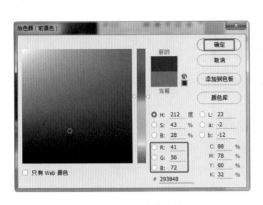

图 8-34　设置前景色

图 8-35　水墨画效果

⑬ 将制作完成的效果存储为"水墨画的制作 .psd"文件。

8.5　水彩效果

水彩效果的特点之一就是具有一定的块状区域，因为它是一笔一笔画出来的，所以它不具有普通图片平滑渐变清晰的细节。

动手操作——制作水彩效果

① 在菜单栏中选择"文件｜打开"命令，打开随书配套光盘中的"素材"\"第 8 章"\"水彩效果 .tif"文件，如图 8-36 所示。

② 在菜单栏中选择"滤镜｜模糊｜特殊模糊"命令，在弹出的"特殊模糊"对话框中设置合适的"特殊模糊"参数，如图 8-37 所示。

图 8-36　打开的素材文件

图 8-37　"特殊模糊"对话框

③ 在菜单栏中选择"滤镜｜滤镜库"命令，在弹出的对话框中选择"艺术效果"选项

组中的"水彩"选项，设置合适的"水彩"参数，单击"确定"按钮，如图 8-38 所示。

图 8-38　设置"水彩"参数

④ 在菜单栏中选择"图像｜调整｜亮度／对比度"命令，在弹出的"亮度／对比度"对话框中设置合适的"亮度／对比度"参数，单击"确定"按钮，如图 8-39 所示。

图 8-39　设置"亮度／对比度"参数

⑤ 在菜单栏中选择"滤镜｜滤镜库"命令，在弹出的对话框中选择"艺术效果"选项组中的"底纹效果"选项，设置合适的"底纹效果"参数，单击"确定"按钮，如图 8-40 所示。

图 8-40　设置"底纹效果"参数

⑥ 完成后的水彩效果如图 8-41 所示。

图 8-41　水彩效果

⑦ 将制作完成的效果存储为"水彩效果的制作 .tif"文件。

8.6　素描效果

如果用户喜欢那种具有简单、质朴风格的图片，那么简洁明快的钢笔画、铅笔画效果不失为一种很好的选择。它模拟画家的手法，寥寥几笔就可以勾勒出迷人的线条，为作品增加一份艺术效果。

动手操作——制作素描效果

① 在菜单栏中选择"文件｜打开"命令，打开随书配套光盘中的"素材"\"第 8 章"\"素描 .tif"文件，如图 8-42 所示。

② 在菜单栏中选择"图像｜调整｜去色"命令，设置图像为黑白，效果如图 8-43 所示。

图 8-42　打开的素材文件

图 8-43　去色效果

③ 按 Ctrl+J 组合键，复制图像到"图层 1"图层中，并在菜单栏中选择"图像｜调整｜反相"命令，反相效果如图 8-44 所示。

④ 在菜单栏中选择"滤镜｜其它｜最小值"命令，在弹出的"最小值"对话框中设置"半径"为 1 像素，如图 8-45 所示。

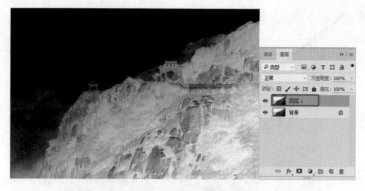

图 8-44　设置图像反相

⑤ 设置最小值后，设置图层的混合模式为"颜色减淡"，如图 8-46 所示。

图 8-45　设置最小值

图 8-46　设置图层混合模式效果

⑥ 将制作完成的效果存储为"素描的制作 .psd"文件。

8.7　小结

　　本章详细地介绍了几个效果图后期处理典型特殊效果的制作方法和技巧，其中包括下雨效果、下雪效果、云雾效果、水墨画效果、水彩效果、素描效果等。通过本章实例的制作，渗透了 Photoshop 软件中各种工具和命令的应用技巧，同时又强调了作品的审美意识。

第 9 章
制作纹理贴图

在建筑效果图制作过程中，所用到的贴图一般都是从备用的材质库中直接调用的现成素材。然而，在实际工作中有时又很难找到一张称心如意的贴图，这时就可以运用 Photoshop 软件制作自己需要的贴图，或者对不适用的贴图进行编辑修改，以满足自己对材质及造型的需求。

9.1 无缝贴图的制作

在 3ds Max 渲染中经常会用到一些无缝贴图，而无缝贴图不能通过拍照就可以出来的效果，必须通过后期处理软件来处理。

动手操作——制作无缝贴图

1 在菜单栏中选择"文件｜打开"命令，打开随书配套光盘中的"素材"\"第 9 章"\"无缝贴图 .jpg"文件，如图 9-1 所示。

打开素材文件后，可以复制素材图像，与另一侧的图像边缘进行拼贴，从图 9-2 中可以看到拼接很不自然，出现棱角，下面对其进行素材的无缝制作。

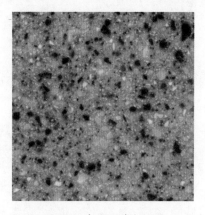
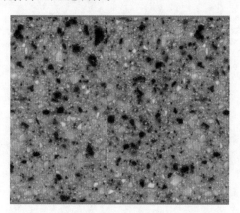

图 9-1　打开的素材文件　　　　　　　图 9-2　拼接素材

2 在菜单栏中选择"滤镜｜其它｜位移"命令，在弹出的"位移"对话框中设置合适的位移参数，如图 9-3 所示。

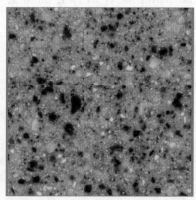

图 9-3　设置位移

3 设置位移图像后，可以看到明显的分界，这里我们需要使用 ▲（仿制图章工具），在边界的周围按住 Alt 键点取源区域，然后在分界上绘制，重复拾取源并绘制，将分界擦除掉，如图 9-4 所示。

④ 复制一张图像拼接看一下边缘，可以看到边缘衔接就自然了，如图 9-5 所示。

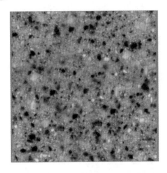

图 9-4 使用仿制图章修饰图像　　　　图 9-5 制作完成的无缝焊接效果

⑤ 将制作完成的效果存储为"无缝贴图的制作 .psd"文件。

9.2 金属质感贴图

金属材质在效果图制作中主要是不锈钢、黄金或黄铜以及生锈的金属等，它们都有自己的表现效果。

9.2.1 拉丝不锈钢质感贴图

在自然界中不锈钢以其特殊金属纹理和光泽度受到艺术家们的关注，又因其不容易生锈更深得广大消费者的喜爱，如图 9-6 所示为拉丝不锈钢之感的效果。

动手操作——制作拉丝不锈钢质感贴图

① 新建一个文件，设置"宽度"和"高度"均为 500 像素，如图 9-7 所示。

图 9-6 拉丝不锈钢质感效果　　　　图 9-7 "新建"对话框

② 新建文件后，按 D 键，设置默认的前景色和背景色，如图 9-8 所示。

③ 在菜单栏中选择"滤镜 | 渲染 | 云彩"命令，执行多次，直到图像效果如图 9-9 所示。

图 9-8　设置默认的前景色和背景色　　　　　图 9-9　云彩效果

④　在菜单栏中选择"滤镜｜模糊｜高斯模糊"命令，在弹出的"高斯模糊"对话框中设置"半径"为 18 像素，如图 9-10 所示。

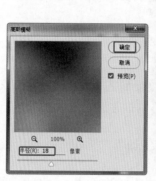

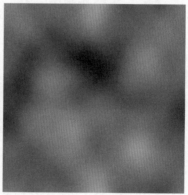

图 9-10　设置图像的模糊

⑤　在菜单栏中选择"滤镜｜杂色｜添加杂色"命令，在弹出的"添加杂色"对话框中设置"数量"为 12.5%，设置"分布"为"平均分布"，如图 9-11 所示。

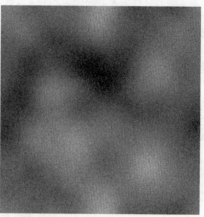

图 9-11　添加杂色

⑥ 在菜单栏中选择"滤镜｜模糊｜动感模糊"命令，在弹出的"动感模糊"对话框中设置"角度"为 90 度、"距离"为 45 像素，如图 9-12 所示。

图 9-12　设置动感模糊

⑦ 单击"图层"面板底部的 <img>（创建新的填充或调整图层）按钮，在弹出的下拉菜单中选择"渐变"命令，在弹出的"渐变编辑器"对话框中选择一种金属类型的填充，如图 9-13 所示。

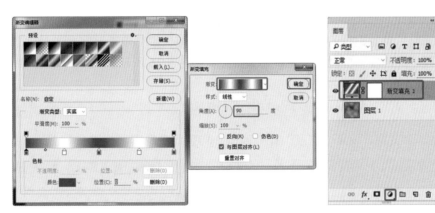

图 9-13　设置渐变填充

⑧ 创建填充后，选择填充图层，设置图层的混合模式为"正片叠底"，如图 9-14 所示。

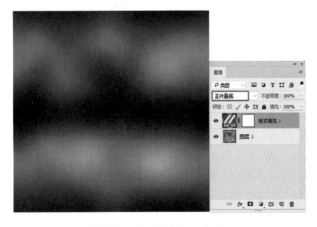

图 9-14　设置图层的混合模式

⑨ 继续单击"图层"面板底部的  （创建新的填充或调整图层）按钮，在弹出的下拉菜单中选择"色阶"命令，在打开的"属性"面板中设置色阶为0、1.15、185，如图9-15所示。

图9-15　设置色阶

⑩ 将制作完成的效果存储为"拉丝金属的制作.psd"文件。

9.2.2　液态金属质感贴图

液态金属是一种有黏性的流体，流动具有不稳定性，主要用于消费电子领域，具有熔融后塑形能力强、高硬度、抗腐蚀、高耐磨等特点，如图9-16所示。

动手操作——制作液态金属质感贴图

① 新建一个文件，设置"宽度"和"高度"均为500像素，如图9-17所示。

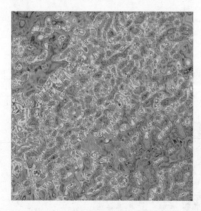

图9-16　液态金属效果

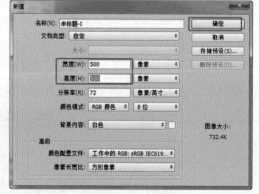

图9-17　新建文件

② 新建文件后，按D键，恢复默认的前景色和背景色，填充文件为白色，如图9-18所示。

③ 在菜单栏中选择"滤镜｜杂色｜添加杂色"命令，在弹出的"添加杂色"对话框中设置"数量"为400%，选中"高斯分布"单选按钮，并选中"单色"复选框，如图9-19所示。

④ 在菜单栏中选择"滤镜｜像素化｜晶格化"命令，在弹出的"晶格化"对话框中设置"单元格大小"为12，如图9-20所示。

图 9-18　填充白色

图 9-19　添加杂色

图 9-20　晶格化

⑤ 在菜单栏中选择"滤镜｜滤镜库"命令，在弹出的对话框中选择"风格化"选项组中的"照亮边缘"选项，设置"边缘宽度"为 2、"边缘亮度"为 6、"平滑度"为 5，如图 9-21 所示。

⑥ 设置前景色为黑色、背景色为白色。在菜单栏中选择"滤镜｜渲染｜分层云彩"命令，效果如图 9-22 所示。

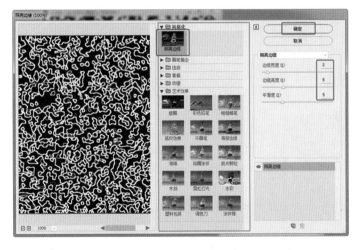

图 9-21　设置照亮边缘

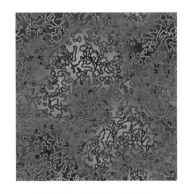

图 9-22　分层云彩效果

⑦ 在菜单栏中选择"滤镜 | 滤镜库"命令，在弹出的对话框中选择"素描"选项组中的"铭黄渐变"选项，设置"细节"为4、"平滑度"为7，如图9-23所示。

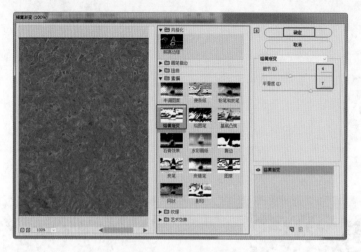

图9-23　设置铭黄渐变

⑧ 在菜单栏中选择"图像 | 调整 | 色彩平衡"命令，在弹出的"色彩平衡"对话框中设置"阴影"的"色阶"为26、24、-26，如图9-24所示。

⑨ 设置"中间调"的"色阶"为52、8、-64，如图9-25所示。

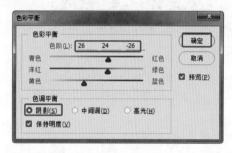
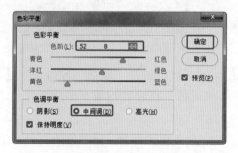

图9-24　设置阴影色阶　　　　　　　　图9-25　设置中间调色阶

⑩ 设置"高光"的"色阶"为52、18、-62，如图9-26所示。

⑪ 设置色彩平衡后的效果如图9-27所示。

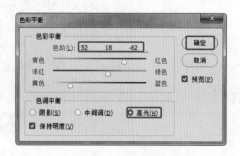

图9-26　设置高光色阶　　　　　　图9-27　色彩平衡效果

⑫ 在菜单栏中选择"图像 | 调整 | 色阶"命令，在弹出的"色阶"对话框中设置各选项参数，如图 9-28 所示。

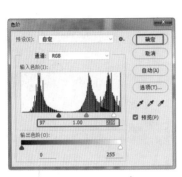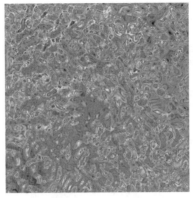

图 9-28　调整图像的色阶

⑬ 将制作完成的效果存储为"液态金属贴图的制作 .psd"文件。

在制作贴图时，参数不是固定的，这里我们给的参数只是一个参考，可以根据自己需要贴图的情况进行设置，学会灵活运用参数的设置。

9.2.3　铁锈金属质感贴图

铁锈金属是通过将铁制品风化而自然形成的一种效果，本节介绍使用 Photoshop 制作铁锈贴图，如图 9-29 所示为制作的铁锈金属。

动手操作——制作铁锈金属质感贴图

① 新建一个文件，设置"宽度"和"高度"均为 500 像素，如图 9-30 所示。

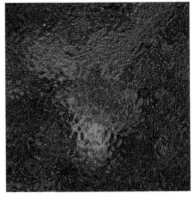

图 9-29　铁锈质感效果　　　　　图 9-30　新建文件

② 在菜单栏中选择"滤镜｜渲染｜云彩"命令，可以多按两次 Ctrl+F 组合键设置出需要的云彩效果，如图 9-31 所示。

③ 继续在菜单栏中选择"滤镜｜渲染｜分层云彩"命令，设置出分层云彩效果，多按两次 Ctrl+F 组合键设置出需要的分层云彩效果，如图 9-32 所示。

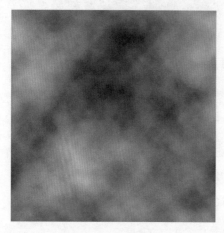

图 9-31　云彩效果　　　　　　　　　　图 9-32　分层云彩效果

④ 在菜单栏中选择"滤镜｜渲染｜光照效果"命令，创建并调整光源为"点光"，设置颜色为橘红色、"强度"为 79、"曝光度"为 0、"光泽"为 0、"金属质感"为 100、"环境"为 21，如图 9-33 所示。

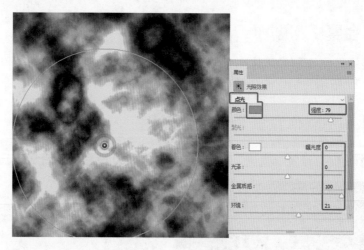

图 9-33　设置光照效果

⑤ 在菜单栏中选择"滤镜｜滤镜库"命令，在弹出的对话框中选择"艺术效果"选项组中的"塑料包装"选项，设置"高光强度"为 20、"细节"为 15、"平滑度"为 15，如图 9-34 所示。

⑥ 在菜单栏中选择"滤镜｜扭曲｜波纹"命令，在弹出的"波纹"对话框中设置"数量"为 999%，单击"确定"按钮，如图 9-35 所示。

⑦ 设置波纹后的效果如图 9-36 所示。

图 9-34　设置塑料包装效果

图 9-35　设置波纹效果

图 9-36　波纹效果

⑧ 在菜单栏中选择"滤镜｜滤镜库"命令，在弹出的对话框中选择"扭曲"选项组中的"玻璃"选项，设置"扭曲度"为20、"平滑度"为7、"缩放"为70%，如图 9-37 所示。

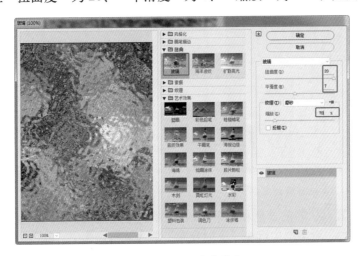

图 9-37　设置玻璃效果

⑨ 设置"玻璃"滤镜后的效果如图 9-38 所示。

⑩ 在菜单栏中选择"滤镜 | 渲染 | 光照效果"命令，在弹出的"属性"面板中设置颜色为深的红铜色、"强度"为 30、"曝光度"为 0、"光泽"为 0、"金属质感"为 60、"环境"为 21，选择"纹理"为"红"，设置"高度"为 10，在效果图中调整光源，如图 9-39 所示。

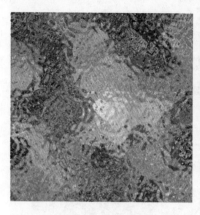

图 9-38　玻璃效果

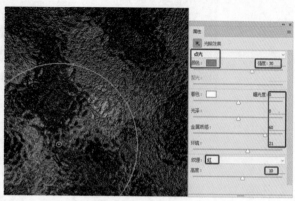

图 9-39　设置光照效果

⑪ 将制作完成的效果存储为"铁锈金属质感的制作 .psd"文件。

9.3　木纹质感贴图

本例介绍木纹质感贴图的制作，效果如图 9-40 所示。

动手操作——制作木纹质感贴图

① 新建一个文件，设置"宽度"为 500 像素、"高度"为 500 像素，设置"分辨率"为 72 像素 / 英寸，如图 9-41 所示。

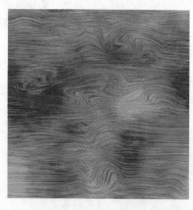

图 9-40　木纹质感效果

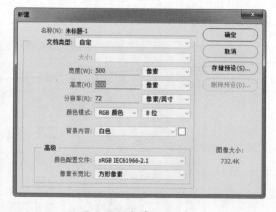

图 9-41　新建文件

② 按 D 键，设置默认的前景色和背景色。在菜单栏中选择"滤镜 | 杂色 | 添加杂色"命令，在弹出的"添加杂色"对话框中选中"高斯分布"单选按钮，选中"单色"复选框，设置"数量"为 400%，如图 9-42 所示。

③ 选择菜单栏中的"滤镜｜模糊｜动感模糊"命令，在弹出的"动感模糊"对话框中设置"角度"为 90 度，"距离"为 35 像素，如图 9-43 所示。

图 9-42　"添加杂色"对话框　　　图 9-43　"动感模糊"对话框

④ 在"图层"面板中新建一个图层"图层 1"，如图 9-44 所示，填充图层为背景色，按 Ctrl+Delete 组合键，将选区填充为白色。

⑤ 按 D 键，恢复默认前景色和背景色。在菜单栏中选择"滤镜｜渲染｜云彩"命令，执行多次，直到图像效果如图 9-45 所示。

图 9-44　新建图层　　　　　　图 9-45　云彩效果

⑥ 将图层的混合模式设置为"亮光"，设置"不透明度"为 40%，如图 9-46 所示。

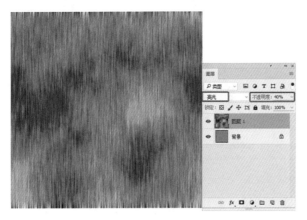

图 9-46　设置图层属性

⑦ 双击"背景"图层,在弹出的"新建图层"对话框中使用默认的参数,单击"确定"按钮,将背景图层转换为普通图层,如图 9-47 所示。

图 9-47　将背景图层转换为普通图层

⑧ 将背景图层转换为普通图层后,按 Ctrl+T 组合键,打开自由变换框,旋转一下图层的角度,如图 9-48 所示。

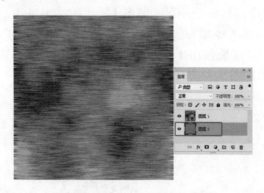

图 9-48　旋转图层的角度

⑨ 在菜单栏中选择"滤镜│扭曲│波浪"命令,在弹出的"波浪"对话框中设置"生成器数"为 11,"波长"的"最小"为 213、"最大"为 251,"波幅"的"最小"为 1、"最大"为 2,"比例"的"水平"为 100%、"垂直"为 100%,如图 9-49 所示。

⑩ 设置"波浪"滤镜后的效果如图 9-50 所示。

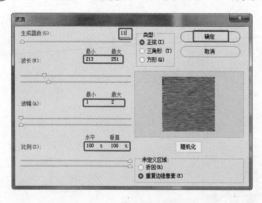

图 9-49　"波浪"对话框

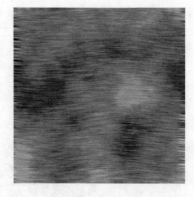

图 9-50　波浪效果

⑪ 在菜单栏中选择"滤镜│液化"命令,弹出"液化"对话框,在左侧的工具箱中选择 （向前变形工具）,在预览窗口中涂抹,制作出花纹,如图 9-51 所示。

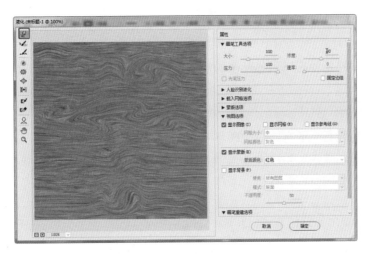

图 9-51　"液化" 对话框

⑫ 在菜单栏中选择"滤镜｜锐化｜USM 锐化"命令，在弹出的"USM 锐化"对话框中设置"数量"为 61%、"半径"为 0.5 像素、"阈值"为 0 色阶，如图 9-52 所示。

⑬ 单击"图层"面板底部的 ⬤ (创建新的填充或调整图层)按钮，在弹出的下拉菜单中选择"色彩平衡"命令，在打开的"属性"面板中设置"色调"为"中间调"，设置参数为 +100、+14、−87，如图 9-53 所示。

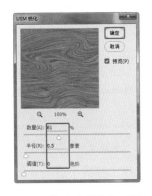

图 9-52　"USM 锐化"对话框

图 9-53　设置"色彩平衡"

⑭ 完成后的效果如图 9-54 所示，并将效果存储为"木纹质感贴图的制作 .psd"文件。

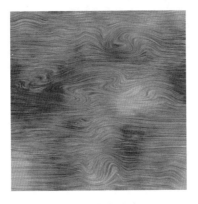

图 9-54　完成的木纹

9.4 石材质感贴图

下面介绍常用的几种石材质感贴图的制作。

9.4.1 岩石质感贴图

在自然界中的岩石大都有比较生硬且不规则的凹凸效果，给人一种硬硬的感觉。它和砂岩是有一定区别的，砂岩反光性不是很强，而岩石的反光性相对来说比砂岩要稍稍强些，如图 9-55 所示。

动手操作——制作岩石质感贴图

① 新建一个文件，设置"宽度"为 500 像素、"高度"为 500 像素、"分辨率"为 72 像素/英寸，如图 9-56 所示。

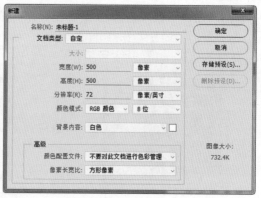

图 9-55　岩石质感效果　　　　　　　图 9-56　新建文件

② 按 D 键，恢复默认的前景色和背景色。在菜单栏中选择"滤镜│渲染│云彩"命令，可以按 Ctrl+F 组合键执行多次，图像效果如图 9-57 所示。

图 9-57　云彩效果

③ 在菜单栏中选择"滤镜｜滤镜库"命令，在弹出的对话框中选择"素描"选项组中的"基底凸现"选项，设置"细节"为15、"平滑度"为3、"光照"为"右上"，如图 9-58 所示。

图 9-58　设置"基底凸现"

④ 在菜单栏中选择"图像｜调整｜色相/饱和度"命令，在弹出的"色相/饱和度"对话框中选中"着色"复选框，设置"色相"为 227、"饱和度"为 7、"明度"为 0，如图 9-59 所示。

⑤ 设置"色相/饱和度"后的岩石效果如图 9-60 所示。

图 9-59　设置"色相/饱和度"

图 9-60　岩石效果

⑥ 将制作完成的效果存储为"岩石质感贴图的制作 .psd"文件。

9.4.2　砂岩质感贴图

观察自然界中各种各样的砂岩，会发现砂岩的反光性不是很强，但它的肌理感很强。因此，在制作砂岩质感的贴图时，最难的应该是如何表现砂岩表面的小凸起，如图 9-61 所示

为砂岩质感贴图制作的效果。

动手操作——制作砂岩质感贴图

① 新建一个文件，设置"宽度"为 500 像素、"高度"为 500 像素、"分辨率"为 72 像素 / 英寸，如图 9-62 所示。

图 9-61　砂岩质感效果　　　　　　　　图 9-62　新建文件

② 按 D 键，恢复默认的前景色和背景色。在菜单栏中选择"滤镜｜渲染｜云彩"命令，可以按 Ctrl+F 组合键执行多次，图像效果如图 9-63 所示。

③ 在菜单栏中选择"滤镜｜杂色｜添加杂色"命令，在弹出的"添加杂色"对话框中设置各选项参数，如图 9-64 所示。

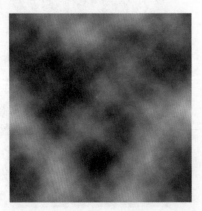
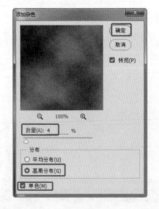

图 9-63　云彩效果　　　　　　　　　　图 9-64　"添加杂色"对话框

④ 打开"通道"面板，单击该面板底部的 ▢（创建新通道）按钮，新建一个 Alpha 1 通道，如图 9-65 所示。

⑤ 在菜单栏中选择"滤镜｜渲染｜分层云彩"命令，按 Ctrl+F 组合键，直到得到满意的效果，如图 9-66 所示。

⑥ 在菜单栏中选择"滤镜｜杂色｜添加杂色"命令，弹出"添加杂色"对话框，设置"数

量"为 4，选中"高斯分布"单选按钮，单击"确定"按钮，如图 9-67 所示。

图 9-65　新建通道

图 9-66　设置"分层云彩"

⑦ 隐藏 Alpha1 通道，显示 RGB 通道，返回到"图层"面板，如图 9-68 所示。

图 9-67　"添加杂色"对话框

图 9-68　显示图层

⑧ 在菜单栏中选择"滤镜｜渲染｜光照效果"命令，在弹出的"属性"面板中设置灯光的属性为"聚光灯"，设置"颜色"为土灰色，设置"强度"为 100、"聚光"为 63、"曝光度"为 -6、"光泽"为 100、"金属质感"为 100、"环境"为 19，选择"纹理"为 Alpha1，"高度"为 3，如图 9-69 所示。

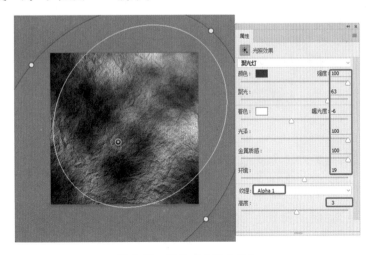

图 9-69　设置"光照效果"

⑨ 在菜单栏中选择"图像｜调整｜色彩平衡"命令,在弹出的"色彩平衡"对话框中设置"色阶"为 51、27、29,如图 9-70 所示。这样砂岩质感贴图就制作完成了。

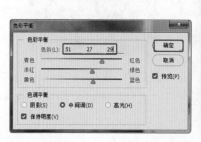

图 9-70　设置"色彩平衡"

⑩ 将制作完成的效果存储为"砂岩质感贴图的制作 .psd"文件。

9.4.3　大理石质感贴图

大理石色彩素雅沉稳,纹理线条自然流畅,给人以行云流水般的感觉。大理石的表面光滑,反光性较强,在室内外装饰设计中多数被应用在地面和墙面的装饰中,如图 9-71 所示为大理石质感贴图效果。

动手操作——制作大理石质感贴图

❶ 新建一个文件,设置"宽度"为 500 像素、"高度"为 500 像素、"分辨率"为 72像素 / 英寸,如图 9-72 所示。

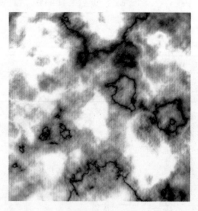

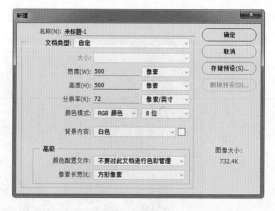

图 9-71　大理石质感效果　　　　图 9-72　新建文件

❷ 设置前景色为白色,背景色为黑色,在菜单栏中选择"滤镜｜渲染｜分层云彩"命令,图像效果如图 9-73 所示。

❸ 在"图层"面板中将"背景"图层进行复制,生成"图层 1"图层,使其位于"背景"图层的上方,按 Ctrl+F 组合键,直到得到满意的效果,如图 9-74 所示。

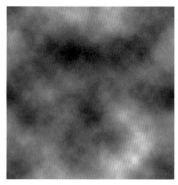

图 9-73 分层云彩效果

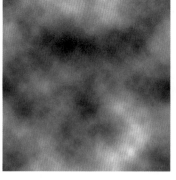

图 9-74 复制图层并设置"分层云彩"

④ 在菜单栏中选择"图像│调整│色阶"命令,在弹出的"色阶"对话框中设置色阶参数为 0、1.71、119,如图 9-75 所示。

⑤ 设置"色阶"参数后的效果如图 9-76 所示。

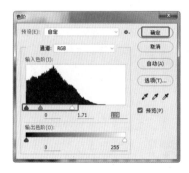

图 9-75 "色阶"对话框

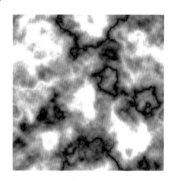

图 9-76 色阶效果

⑥ 在"图层"面板中复制"背景"图层,调整图层的位置,如图 9-77 所示。

⑦ 在菜单栏中选择"滤镜│渲染│光照效果"命令,在打开的"属性"面板中设置光照类型为"聚光灯",设置"强度"为 100、"聚光"为 63、"曝光度"为 −6、"光泽"为 100、"金属质感"为 100、"环境"为 12,设置"纹理"为"红"、"高度"为 13,如图 9-78 所示。

图 9-77 新建图层

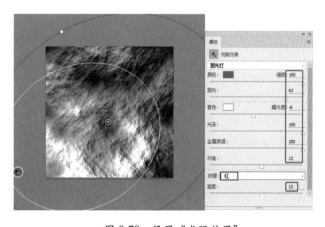

图 9-78 设置"光照效果"

⑧ 设置图层的混合模式为"柔光"，如图 9-79 所示。

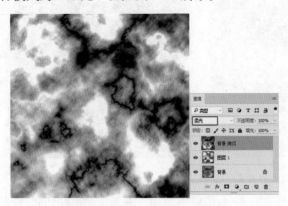

图 9-79 设置图层的混合模式

⑨ 单击"图层"面板底部的 ⬤ (创建新的填充或调整图层)按钮，在弹出的下拉菜单中选择"色彩平衡"命令，显示"属性"面板，选择"色调"为"中间调"，设置"色彩平衡"参数为 76、53、-65，如图 9-80 所示。

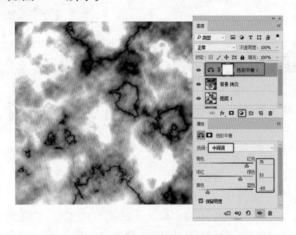

图 9-80 设置中间调"色彩平衡"参数

⑩ 选择"色调"为"阴影"，设置"色彩平衡"参数为 29、23、17，如图 9-81 所示。

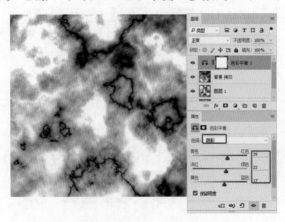

图 9-81 设置阴影"色彩平衡"参数

⑪ 选择"色调"为"高光"，设置"色彩平衡"为 47、46、27，如图 9-82 所示。

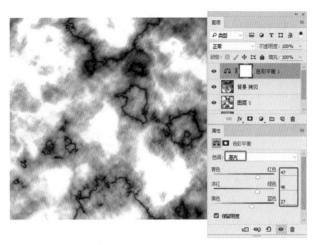

图 9-82　设置高光"色彩平衡"参数

⑫ 将制作完成的效果存储为"大理石质感贴图的制作 .psd"文件。

9.5　草地质感贴图

草地贴图主要应用于地面草地的设置，下面将为大家介绍使用 Photoshop 制作草地质感贴图，如图 9-83 所示。

动手操作——制作草地质感贴图

① 新建一个文件，设置"宽度"为 500 像素、"高度"为 500 像素、"分辨率"为 72 像素 / 英寸，如图 9-84 所示。

图 9-83　草地贴图

图 9-84　新建文件

② 设置前景色的 RGB 为 0、95、7，如图 9-85 所示。

③ 在"图层"面板中新建一个"图层 1"图层，按 Alt+Delete 组合键，填充图层为前景色，如图 9-86 所示。

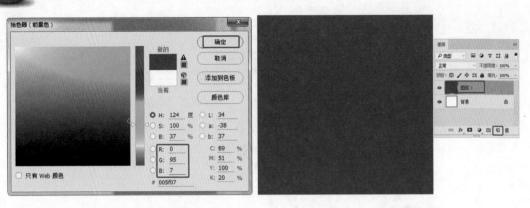

图 9-85　设置前景色　　　　　　　　　　　图 9-86　填充前景色

④ 在菜单栏中选择"滤镜｜渲染｜纤维"命令，在弹出的"纤维"对话框中设置"差异"为 25、"强度"为 22，单击"确定"按钮，如图 9-87 所示。

⑤ 在菜单栏中选择"滤镜｜风格化｜风"命令，在弹出的"风"对话框中设置"方法"为"飓风"，设置"方向"为"从右"，如图 9-88 所示。

图 9-87　设置"纤维"　　　　　　　　　　　图 9-88　设置"风"效果

⑥ 在菜单栏中选择"图像｜图像旋转｜顺时针 90 度"命令，将图像做顺时针 90°旋转，如图 9-89 所示。

⑦ 按 Ctrl+T 组合键，打开自由变换框，右击，在弹出的快捷菜单中选择"透视"命令，调整图像，如图 9-90 所示。

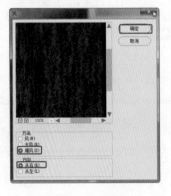

图 9-89　旋转图像　　　　　　　　　　　图 9-90　设置图像的变形

⑧ 得到最终效果如图 9-91 所示。

图 9-91　草地效果

⑨ 将制作完成的效果存储为"草地质感贴图的制作 .psd"文件。

9.6　小结

本章通过实例讲解贴图的制作，从中学会如何在 3ds Max 软件中制作无缝贴图，以及各种常用的金属、木纹、石材和草地等贴图的制作。通过对本章的学习，读者需要掌握如何使用各种滤镜和工具来制作出各种常用的贴图。

第 10 章

别墅的后期处理

本章将对一幅别墅建筑效果图进行后期的制作，通过本例的后期制作过程，主要学习室外别墅建筑效果图背景的添加、建筑细部的刻画以及各种配景的添加等方面的知识。

本章制作的别墅建筑效果图的处理前后效果如图 10-1 所示。

图 10-1　别墅效果图处理的前后对比

10.1　别墅建筑效果图后期处理要点

在 3ds Max 软件中进行室外效果图的后期处理，不仅难度大，而且还不真实。为了正确地表现效果图的环境气氛，衬托主体建筑，通常在 Photoshop 软件中对效果图进行后期制作。一般都采用为效果图场景中添加配景的方法，使效果图体现出真实自然的感觉。这些配景一般包括天空、草地、辅助建筑、人物、建筑配套设施等，它们的存在将直接影响到整幅效果图的最终表现效果，可以让整个画面内容更加丰富。可以这么说，一幅好的效果图是主体建筑本身与周围环境完美结合的产物，周围环境处理得好坏将直接关系到效果图的成败。

别墅建筑效果图后期处理的流程一般包括以下几方面。

- 为场景添加大的环境背景：大的环境背景一般是为场景添加一幅合适的天空背景和草地背景。天空背景一般选择现成的天空素材，在选择天空背景素材时，注意所添加的天空图片的分辨率要与建筑图片的分辨率基本相当，否则将影响到图像的精度与效果。在添加草地配景时，注意所选择草地的色调、透视关系要与场景相谐调。
- 为场景添加植物配景：适当地为场景中添加一些植物配景，不仅可以增加场景的空间感，还可以展现场景的自然气息。
- 为场景添加人物配景：在添加人物配景时，注意所添加人物的形象要与建筑类型相一致；不同位置的人物明暗程度也会不同，要进行单个的适当调整；要处理好人物与建筑的透视关系、比例关系等。

10.2　调整建筑

在 3ds Max 软件中输出的图片经常会显得发灰一些，玻璃及建筑墙面的质感不是很理想，这就需要使用 Photoshop 软件中的选择工具或命令选择所要调整的区域并进行调整，直到满意为止。

动手操作——调整建筑

① 在菜单栏中选择"文件｜打开"命令，打开随书配套光盘中的"素材"\"第 10 章"\"别墅渲染 .tga"文件，如图 10-2 所示。

② 在菜单栏中选择"文件｜打开"命令，打开随书配套光盘中的"素材"\"第10章"\"别墅通道 1.tif"文件，如图 10-3 所示。

图 10-2　打开别墅效果图

图 10-3　打开通道 1

③ 在菜单栏中选择"文件｜打开"命令，打开随书配套光盘中的"素材"\"第10章"\"别墅通道 2.tif"文件，如图 10-4 所示。

④ 在菜单栏中选择"文件｜打开"命令，打开随书配套光盘中的"素材"\"第10章"\"别墅阴影通道 .tga"文件，如图 10-5 所示。

图 10-4　打开通道 2　　　　　图 10-5　打开阴影通道

这里我们提供阴影通道主要是备用，如果对效果图中的阴影和高光满意，则该图就没有必要使用了，如果觉得效果图中阴影和高光没有达到想要的明暗程度，可以根据该图创建阴影或高光选区，来对阴影或高光隐形调整。

⑤ 将各种通道拖曳到效果图中，为通道命名相应的图层名称，可以看到效果图有一个 Alpha1 通道，选择该通道，单击 ⬚（将路径作为选区载入）按钮，如图 10-6 所示。

图 10-6　载入通道选区

⑥ 载入通道选区后，选择"背景"图层，按 Ctrl+J 组合键，将选区中的图像复制到新的图层中，命名复制的图层为"建筑"，如图 10-7 所示。

图 10-7　复制并命名图层

⑦ 在菜单栏中选择"图像 | 调整 | 亮度 / 对比度"命令，在弹出的"亮度 / 对比度"对话框中设置合适的"亮度 / 对比度"参数，如图 10-8 所示。

图 10-8　设置"亮度 / 对比度"参数

动手操作——效果图细节的调整

下面将对渲染出的效果图细节进行调整。

① 在"图层"面板中选择"通道 2"图层，使用 🪄（魔棒工具），选择如图 10-9 所示的区域，创建选区。

② 创建选区后，在"图层"面板中选择"建筑"图层，按 Ctrl+J 组合键，复制选区中的图像到新的图层，命名图层为"马路 1"。按 Ctrl+M 组合键，在弹出的"曲线"对话框中调整曲线，如图 10-10 所示。

③ 选择"通道 2"图层，使用 🪄（魔棒工具），创建马路选区，如图 10-11 所示。创建选区后，按 Ctrl+J 组合键，将选区中的图像复制到新的图层，命名图层为"马路 2"。

④ 选择工具箱中的 🔍（减淡工具），在工具选项栏中设置合适的柔边笔触，并设置合适

的"曝光度"，如图 10-12 所示。

图 10-9　创建选区

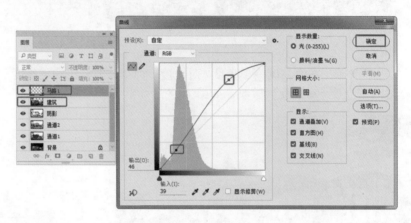

图 10-10　调整曲线

图 10-11　创建道路选区

图 10-12　设置减淡工具的选项

⑤选择工具箱中的 <i>画</i>（减淡工具），调整"马路2"的减淡效果，使图像有明暗层次变化，如图 10-13 所示。

图 10-13 设置图层的减淡

6 选择工具箱中的 （加深工具），在工具选项栏中设置合适的画笔柔边笔触，以及合适的"曝光度"，如图 10-14 所示。

图 10-14 设置"加深工具"参数

7 选择工具箱中的 （加深工具），调整"马路 2"的加深效果，使图像有明暗层次变化，如图 10-15 所示。

图 10-15 调整"马路 2"的加深效果

8 选择"图层 2"图层，使用 （魔棒工具）创建"草地"选区，如图 10-16 所示。

图 10-16 创建"草地"选区

⑨ 选择"建筑"图层，按 Ctrl+J 组合键，将选区中的草地图像复制到新的图层中，命名图层为"草地"；按 Ctrl+M 组合键，在弹出的"曲线"对话框中调整曲线形状，如图 10-17 所示。

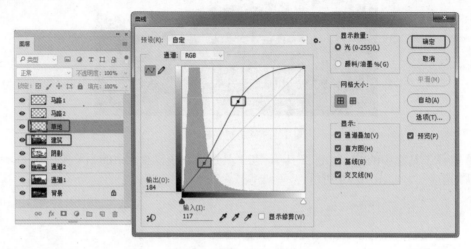

图 10-17　调整"草地"曲线

⑩ 确定"草地"图层处于选择状态，按 Ctrl+B 组合键，在弹出的"色彩平衡"对话框中调整"色彩平衡"参数，如图 10-18 所示。

图 10-18　调整"色彩平衡"

⑪ 继续在"色彩平衡"对话框中设置"色调平衡"为"高光"，并设置合适的"色彩平衡"参数，如图 10-19 所示。

⑫ 选择"通道 2"图层，使用 （魔棒工具），创建路肩选区，如图 10-20 所示。

⑬ 选择"建筑"图层，按 Ctrl+J 组合键，复制选区中的图像到新图层中，命名图层为"路肩"；按 Ctrl+M 组合键，在弹出的"曲线"对话框中调整曲线形状，如图 10-21 所示。

图 10-19　设置高光的"色彩平衡"参数

图 10-20　创建路肩选区

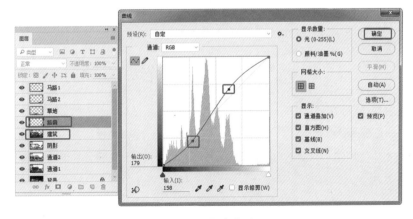

图 10-21　调整路肩的曲线

⑭ 调整"路肩"后得到如图 10-22 所示的效果。

⑮ 选择"通道 2"图层，使用 ✎（魔棒工具）在红叶植物的叶子位置创建选区，如图 10-23 所示。

图 10-22　调整"路肩"后的效果　　　　图 10-23　创建"红叶植物"选区

⑯ 减选左侧的"红叶植物"选区，如图 10-24 所示。

图 10-24　减选植物选区

⑰ 按 Ctrl+J 组合键，将选区中的区域复制到新的图层中，命名图层为"红叶植物"。按 Ctrl+M 组合键，在弹出的"曲线"对话框中调整曲线形状，如图 10-25 所示。

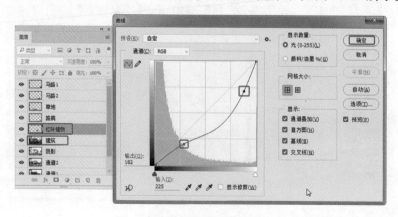

图 10-25　调整图像曲线

⑱ 调整"红叶植物"的曲线效果，如图 10-26 所示。

⑲ 选择"通道 2"图层，使用 ✐（魔棒工具）选择"石路"选区，如图 10-27 所示。

图 10-26　调整效果　　　　　图 10-27　创建"石路"选区

⑳ 选择"建筑"图层，按 Ctrl+J 组合键，复制选区中的图像到新的图层中，命名图层为"石路"。按 Ctrl+M 组合键，在弹出的"曲线"对话框中调整曲线形状，如图 10-28 所示。

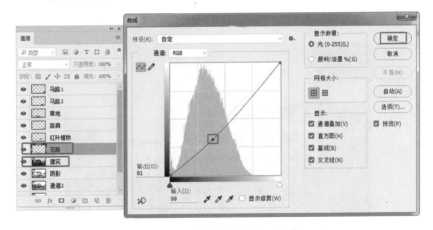

图 10-28　调整"石路"曲线

㉑ 选择"通道 2"图层，使用 ✐（魔棒工具）创建"信箱"选区，如图 10-29 所示。

图 10-29　创建"信箱"选区

㉒ 选择"建筑"图层，按 Ctrl+J 组合键，将选区中的图像复制到"信箱"图层。按
Ctrl+M 组合键，在弹出的"曲线"对话框中调整曲线，如图 10-30 所示。

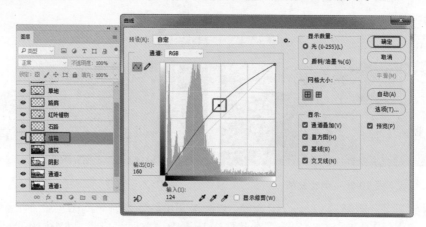

图 10-30　调整曲线

㉓ 选择"通道 2"图层，使用 ✎（魔棒工具）创建"门墩"选区，如图 10-31 所示。

图 10-31　创建"门墩"选区

㉔ 选择"建筑"图层，按 Ctrl+J 组合键，复制选区中的图像到新的图层中，命名图层为"门
墩"。按 Ctrl+M 组合键，在弹出的"曲线"对话框中调整曲线形状，如图 10-32 所示。

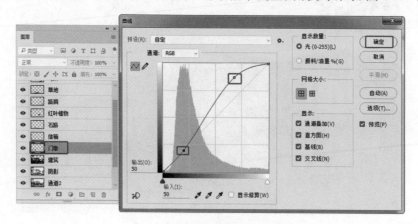

图 10-32　调整"门墩"曲线

㉕ 调整"门墩"后的效果如图 10-33 所示。

㉖ 选择"通道 2"图层，使用 ![魔棒工具]（魔棒工具）创建"门墩上"选区，如图 10-34 所示。

图 10-33　调整"门墩"后的效果　　　　　　图 10-34　创建"门墩上"选区

㉗ 选择"建筑"图层，按 Ctrl+J 组合键，复制选区中的图像到新的图层中，命名图层为"门墩上"。按 Ctrl+M 组合键，在弹出的"曲线"对话框中调整曲线形状，如图 10-35 所示。

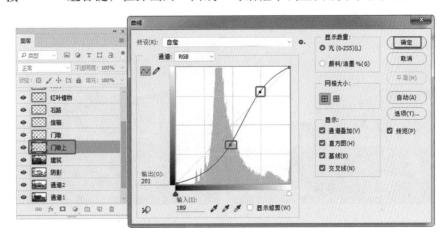

图 10-35　调整"门墩上"曲线

㉘ 调整"门墩上"后的效果如图 10-36 所示。

㉙ 选择"通道 2"图层，使用 ![魔棒工具]（魔棒工具）创建"围墙"选区，如图 10-37 所示。

图 10-36　调整"门墩上"后的效果　　　　　　图 10-37　创建"围墙"选区

㉚ 选择"建筑"图层，按 Ctrl+J 组合键，复制选区中的图像到新的图层中，命名图层为"围墙"。按 Ctrl+M 组合键，在弹出的"曲线"对话框中调整曲线形状，如图 10-38 所示。

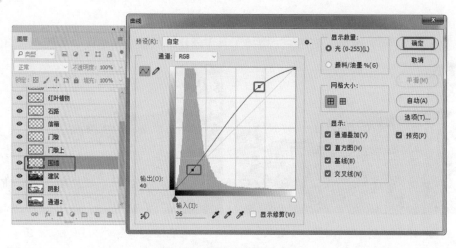

图 10-38　调整"围墙"曲线

㉛ 调整"围墙"后的效果如图 10-39 所示。

㉜ 选择"通道2"图层，使用 ✎（魔棒工具）创建"遮阳伞"选区，如图 10-40 所示。

图 10-39　调整"围墙"后的效果　　　　　图 10-40　创建"遮阳伞"选区

㉝ 选择"建筑"图层，按 Ctrl+J 组合键，复制选区中的图像到新的图层中，命名图层为"遮阳伞"。按 Ctrl+M 组合键，在弹出的"曲线"对话框中调整曲线形状，如图 10-41 所示。

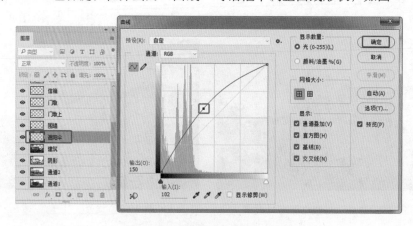

图 10-41　调整"遮阳伞"曲线

㉞ 选择"通道2"图层，使用 ✎（魔棒工具），创建"一层墙"选区，如图 10-42 所示。

图 10-42　创建"一层墙"选区

㉟ 选择"建筑"图层，按 Ctrl+J 组合键，复制选区中的图像到新的图层中，命名图层为"一层墙"。按 Ctrl+M 组合键，在弹出的"曲线"对话框中调整曲线形状，如图 10-43 所示。

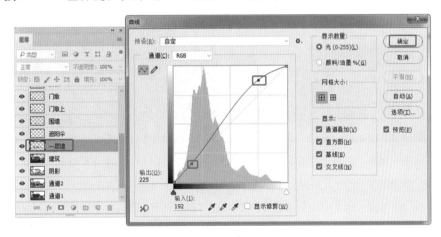

图 10-43　调整"一层墙"曲线

㊱ 调整"一层墙"后的效果如图 10-44 所示。

㊲ 选择"通道 2"图层，使用 （魔棒工具）创建"一层中"选区，如图 10-45 所示。

图 10-44　调整"一层墙"后的效果　　　　图 10-45　创建"一层中"选区

㊳ 选择"建筑"图层，按 Ctrl+J 组合键，复制选区中的图像到新的图层中，命名图层为"一层中"。按 Ctrl+M 组合键，在弹出的"曲线"对话框中调整曲线形状，如图 10-46 所示。

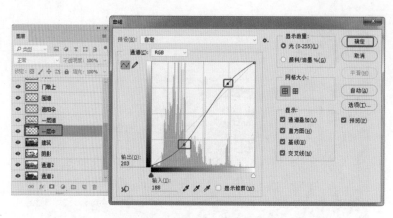

图 10-46　调整"一层中"曲线

㊴ 调整"一层中"后的效果如图 10-47 所示。

㊵ 选择"通道 2"图层，使用 ✎（魔棒工具）创建"壁灯"选区，如图 10-48 所示。

图 10-47　调整"一层中"后的效果

图 10-48　创建"壁灯"选区

㊶ 选择"建筑"图层，按 Ctrl+J 组合键，复制选区中的图像到新的图层中，命名图层为"壁灯"。按 Ctrl+U 组合键，在弹出的"色相/饱和度"对话框中调整合适的"色相/饱和度"参数，如图 10-49 所示。

㊷ 调整图像的颜色后，效果如图 10-50 所示，并使用 ▭（矩形选框工具）创建壁灯的支架区域。

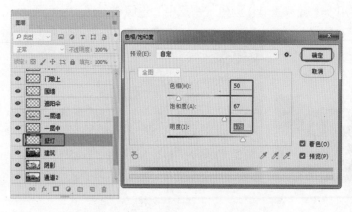

图 10-49　调整"色相/饱和度"参数

图 10-50　调整壁灯的颜色

㊸ 按 Delete 键，删除选区中的图像，效果如图 10-51 所示。

④ 选择"通道 2"图层，使用 创建"二三楼墙体"选区，如图 10-52 所示。

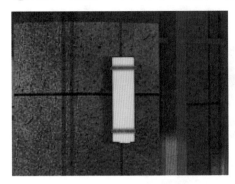

图 10-51　删除选区中的图像

图 10-52　创建"二三层墙体"选区

⑤ 选择"建筑"图层，按 Ctrl+J 组合键，复制选区中的图像到新的图层中，命名图层为"二三楼墙体"。按 Ctrl+U 组合键，在弹出的"色相/饱和度"对话框中降低"饱和度"参数，如图 10-53 所示。

图 10-53　调整"饱和度"参数

⑥ 选择"通道 2"图层，使用 创建"二三墙装饰"选区，如图 10-54 所示。

图 10-54　创建"二三墙装饰"选区

⑦ 选择"建筑"图层，按 Ctrl+J 组合键，复制选区中的图像到新的图层中，命名图层为"二三墙装饰"。按 Ctrl+U 组合键，在弹出的"色相/饱和度"对话框中降低"饱和度"参数，

如图 10-55 所示。

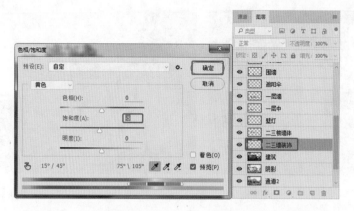

图 10-55　调整"饱和度"参数

48 选择"通道 2"图层,使用 ✨(魔棒工具)创建"屋顶"选区,如图 10-56 所示。

图 10-56　创建"屋顶"选区

49 选择"建筑"图层,按 Ctrl+J 组合键,复制选区中的图像到新的图层中,命名图层为"屋顶"。按 Ctrl+M 组合键,在弹出的"曲线"对话框中调整曲线形状,如图 10-57 所示。

50 调整完成效果图的局部效果后,在"图层"面板中单击 ▭(创建新组)按钮,创建图层组,命名图层组为"局部调整",将调整的效果图细节放置到该组中,如图 10-58 所示。

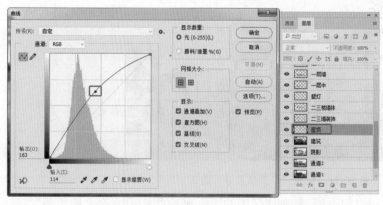

图 10-57　调整"屋顶"曲线

图 10-58　放置图层到图层组中

10.3 添加天空背景

在制作室外效果图的天空背景时，一般是直接调用现成的图片，因为这样看起来画面会显得更加真实、自然。

动手操作——添加天空背景

继续上一节的制作。

1. 在工具箱中单击"设置前景色"图标，在弹出的"拾色器（前景色）"对话框中设置RGB 为 58、105、161，如图 10-59 所示。

2. 单击"设置背景色"图标，在弹出的"拾色器（背景色）"对话框中设置 RGB 为124、190、230，如图 10-60 所示。

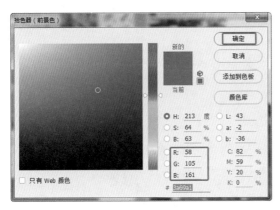

图 10-59　设置前景色

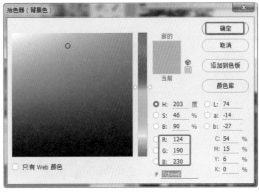

图 10-60　设置背景色

3. 选择工具箱中的 （渐变工具），设置渐变为前景色到背景色渐变，如图 10-61 所示。

图 10-61　设置渐变

4. 在"图层"面板中新建"天空"图层，将图层放置到"建筑"图层的下方，使用 .

（渐变工具）由上向下填充渐变，如图 10-62 所示。

图 10-62 创建并填充图层

⑤ 在菜单栏中选择"文件 | 打开"命令，打开随书配套光盘中的"素材"\"第 10 章"\"半天空 01.psd"文件，如图 10-63 所示。

图 10-63 打开"半天空 01"素材

⑥ 使用 ⊕（移动工具），将"半天空 01"素材拖曳到效果图中，将其所在的图层放置到"天空"图层的上方，如图 10-64 所示。

图 10-64 添加素材

⑦ 在菜单栏中选择"文件 | 打开"命令，打开随书配套光盘中的"素材"\"第 10 章"\"半天空 02.psd"文件，如图 10-65 所示。

⑧ 使用╋.(移动工具),将"半天空02"素材拖曳到效果图中,将其所在的图层放置到"半天空01"图层的上方,如图 10-66 所示。

图 10-65　打开"半天空02"素材

图 10-66　添加素材

⑨ 在菜单栏中选择"文件 | 打开"命令,打开随书配套光盘中的"素材"\"第10章"\"白云.psd"文件,如图 10-67 所示。

⑩ 将"白云"素材拖曳到效果图中,放置到合适的位置,如图 10-68 所示。

图 10-67　打开"白云"素材

图 10-68　添加素材

⑪ 在"图层"面板中单击▢(创建新组)按钮,创建新组,并命名图层组的名称为"天空",将作为天空和白云的素材图层放置到该图层组中,如图 10-69 所示。

图 10-69　将图层放置到图层组中

10.4　植物和人物的添加与调整

由于该效果图中的植物是在 3ds Max 中添加的,所以下面只需在后期处理中对植物进行调整、美化即可,并添加人物素材来增添效果图的生机。

动手操作——添加植物

① 在菜单栏中选择"文件 | 打开"命令,打开随书配套光盘中的"素材"\"第10章"\"远景树.psd"文件,在需要添加的素材上右击,在弹出的快捷菜单中选择对应的植物素材图层,如图 10-70 所示。

② 将选择的植物素材拖曳到效果图中，调整素材的大小和位置，如图 10-71 所示。

图 10-70　打开的植物素材

图 10-71　添加植物素材

③ 将"建筑"图层和"局部调整"图层组隐藏，观察一下添加的背景植物，如图 10-72 所示。

图 10-72　隐藏图层后的效果

④ 观察当前效果图，可以看到近景的树枝叶子多出了几片，不是很谐调；别墅后的植物树叶太过稀疏，如图 10-73 所示。

⑤ 继续添加植物，调整植物到别墅后树叶稍稀疏的树后面，调整素材的角度、大小和位置，如图 10-74 所示。

图 10-73　当前效果

图 10-74　添加植物

⑥ 选择"建筑"图层，使用◢.（橡皮擦工具）将近景植物探头多余的树叶擦除，如图 10-75 所示。

图 10-75　擦除树叶

动手操作——添加人物素材

① 在菜单栏中选择"文件｜打开"命令，打开随书配套光盘中的"素材"\"第 10 章"\"人.psd"文件，如图 10-76 所示。

② 添加人物素材到合适的位置，并调整至合适的大小，如图 10-77 所示。

图 10-76　打开素材

图 10-77　添加人物素材

10.5　调整整体效果

一般情况下，添加完配景后，需要最终统一调整一下，也就是使配景和建筑感觉是一个整体。

① 按 Ctrl+Shift+Alt+E 组合键，盖印所有图像到新的图层，将图层放置到该面板的顶部，如图 10-78 所示。

② 在菜单栏中选择"滤镜｜其它｜高反差保留"命令，在弹出的"高反差保留"对话框中设置"半径"为 1.5 像素，单击"确定"按钮，如图 10-79 所示。

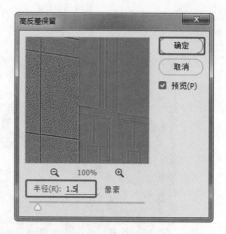

图 10-78　盖印图层　　　　　　　图 10-79　设置"高反差保留"参数

❸ 设置图层的混合模式为"叠加"，增加效果图的清晰度，如图 10-80 所示。

图 10-80　设置图层的混合模式

❹ 按 Ctrl+Shift+Alt+E 组合键，再次盖印图层，设置图层的混合模式为"正片叠底"，如图 10-81 所示。

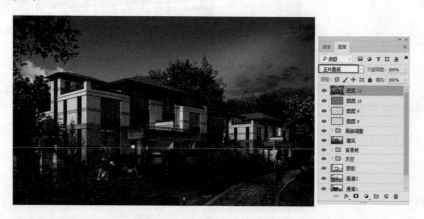

图 10-81　设置图层的混合模式

❺ 使用 ✿ (橡皮擦工具) 擦除中间的图像，制作出压暗周围的效果，设置图层的"不透明度"为 50%，如图 10-82 所示。

图 10-82　压暗周围的效果

10.6 | 小结

　　本章介绍了别墅效果图的后期处理，综合使用前面几章中介绍的工具和命令来对该图进行调整，渲染出的效果图一般层次和色彩都不明显，我们通过调整来学习建筑效果图整体的制作流程。

第 11 章

居民楼的后期处理

      本章带领大家来制作一幅住宅设计方案效果图，在这里要表达的是体现住宅的外部环境，强调环境与建筑的对称与谐调，两者相辅相成、相映成趣，通过主体建筑、环境氛围营造及配景添加等诸多方面的结合，体现出建筑环境的整体性，其色调统一、环境优雅。环境因建筑而更加迷人，建筑也因环境更具持久的生命力。希望通过此范例的制作，读者能够掌握住宅建筑环境氛围营造方面的制作流程和技法。

本章制作的住宅建筑效果图的前后效果如图 11-1 所示。

图 11-1　小区效果图处理的前后对比

11.1　居民楼效果图后期处理要点

在进行效果图后期处理制作时，为了表现环境，衬托主体建筑，往往会为场景中添加一些用来增强画面生活气息的天空、植物、路灯、小区配套设施、人物等配景素材，这些配景虽然不是效果图场景的主体部分，但是它们对画面整体效果的最终表现却起到了陪衬的作用。一幅完整的效果图，是建筑主体与周围环境完美结合的产物。

在效果图后期处理方面，多少会有一些规律可循。在这里笔者总结了一部分关于住宅建筑环境氛围营造方面的处理要点供读者参考。

- 住宅环境的整体布局：所谓整体布局是指场景中各个配景的摆放位置、色彩的搭配等。首先从构图角度来讲，要求场景的构图要在统一中求变化、在变化中求统一。同时，应根据场景所要反映的节气及时间进行色彩的搭配、配景素材的选择等，因为不同的节气、时间所要求的配景种类、配景色彩都不一样。另外，在制作时要时刻注意配景在画面中所占的比重，既不能使某个区域挤得太满，也不能使某些区域显得太过空旷。把握好这些方面，就能把握好场景的整体布局。
- 环境配景素材的处理：为了考虑画面中环境的真实性，所添加的配景素材就不能粗制滥造。另外，不管配景素材多么完美无缺，它也是为烘托主体建筑而设计的，所以所添加的配景素材在画面中不能太过突出，要充分考虑配景素材与画面氛围的和谐统一。在使用配景素材时，注意不要对配景素材毫无节制地复制、粘贴。这虽然省事，但容易使画面显得太过统一、缺少变化。另外，场景中配景素材的种类也不宜过多，如果种类过多，画面就会产生混乱。由此可见，每幅建筑效果图中配景的选择、添加都要用心去推敲，以确保画面的整体感。
- 环境的整体调整：在将所有的配景素材各就各位后，最后的工作就是对小区环境进行整体调整。做这一步的目的是使画面效果显得更加干净、明亮。

11.2　调整建筑

对于建筑效果来说，建筑主体的效果非常重要，所以一定要对建筑进行调整，主要调整它的明暗、色调、虚实变化等，有必要的话还要调整一下细部，以免影响后期建筑效果表现。

动手操作——还原建筑墙体原本色调

①　在菜单栏中选择"文件 | 打开"命令，打开随书配套光盘中的"素材"\"第 11 章"\"小区渲染 .tga"文件，如图 11-2 所示。

②　在菜单栏中选择"文件 | 打开"命令，打开随书配套光盘中的"素材"\"第 11 章"\"阴影通道 .tif"文件，如图 11-3 所示。

图 11-2　打开小区渲染的效果图　　　　　图 11-3　打开阴影通道

③　在菜单栏中选择"文件 | 打开"命令，打开随书配套光盘中的"素材"\"第 11 章"\"分层通道 .tif"文件，如图 11-4 所示。

④　在菜单栏中选择"文件 | 打开"命令，打开随书配套光盘中的"素材"\"第 11 章"\"建筑通道 .tif"文件，如图 11-5 所示。

图 11-4　打开分层通道　　　　　　　图 11-5　打开建筑通道

⑤　将各种通道拖曳到效果图中，为通道命名相应的图层名称，可以看到效果图有一个 Alpha1 通道，选择该通道，单击 ⬚（将路径作为选区载入）按钮，选中 RGB 通道，并选择"背景"图层，按 Ctrl+J 组合键，复制选区中的建筑到新的图层中，并调整到"图层"面板的顶部，命名图层为"建筑"，如图 11-6 所示。

⑥　在"图层"面板中选择"分层通道"图层，使用 ✎（魔棒工具）选择如图 11-7 所示的区域，创建选区。

⑦　创建选区后，选择"建筑"图层，按 Ctrl+J 组合键，将选区中的图像复制到新的图层中，并命名图层为"近景建筑墙"。按 Ctrl+B 组合键，在弹出的"色彩平衡"对话框中设置合适的"色彩平衡"参数，还原建筑原本色调，如图 11-8 所示。

图 11-6　载入通道选区

图 11-7　创建"建筑"选区

图 11-8　设置"色彩平衡"参数

⑧ 在"图层"面板中选择"分层通道"图层,使用 🖌️(魔棒工具)选择如图 11-9 所示的区域,创建选区。

图 11-9　创建选区

⑨ 创建选区后，选择"建筑"图层，按 Ctrl+J 组合键，将选区中的图像复制到新的图层中，并命名图层为"近景建筑墙下"。按 Ctrl+B 组合键，在弹出的"色彩平衡"对话框中设置合适的"色彩平衡"参数，还原原本色调，如图 11-10 所示。

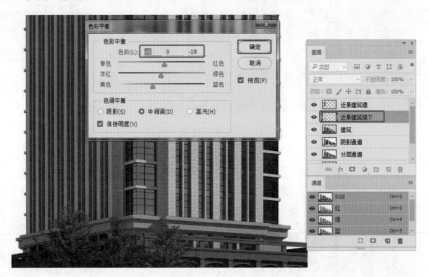

图 11-10　设置"色彩平衡"参数

⑩ 在"图层"面板中选择"分层通道"图层，使用 ✨（魔棒工具）选择如图 11-11 所示的区域，创建选区。

⑪ 创建选区后，选择"建筑"图层，按 Ctrl+J 组合键，将选区中的图像复制到新的图层中，并命名图层为"门头房墙"。按 Ctrl+B 组合键，在弹出的"色彩平衡"对话框中设置合适的"色彩平衡"参数，还原原本色调，如图 11-12 所示。

⑫ 在"图层"面板中选择"分层通道"图层，使用 ✨（魔棒工具）选择如图 11-13 所示的区域，创建选区。

图 11-11　创建选区

图 11-12　设置"色彩平衡"参数

图 11-13　创建选区

⑬ 创建选区后，选择"建筑"图层，按 Ctrl+J 组合键，将选区中的图像复制到新的图层中，并命名图层为"建筑墙体"。按 Ctrl+B 组合键，在弹出的"色彩平衡"对话框中设置合适的"色彩平衡"参数，还原原本色调，如图 11-14 所示。

图 11-14 设置"色彩平衡"参数

动手操作——调整配景色调

调整建筑后，下面将调整马路和植物的效果。

① 在"图层"面板中选择"分层通道"图层，使用 ✎（魔棒工具）选择如图 11-15 所示的区域，创建选区。

图 11-15 创建选区

② 创建选区后，选择"建筑"图层，按 Ctrl+J 组合键，将选区中的图像复制到新的图层中，并命名图层为"路面"。在菜单栏中选择"图像 | 调整 | 亮度 / 对比度"命令，在弹出的"亮度 / 对比度"对话框中调整合适的"亮度 / 对比度"参数，如图 11-16 所示。

③ 在"图层"面板中选择"分层通道"图层，使用 ✎（魔棒工具）选择如图 11-17 所示的区域，创建选区。

④ 创建选区后，选择"建筑"图层，按 Ctrl+J 组合键，将选区中的图像复制到新的图层中，并命名图层为"马路"。按 Ctrl+B 组合键，在弹出的"色彩平衡"对话框中设置合适的"色彩平衡"参数，还原原本色调，如图 11-18 所示。

图 11-16　设置"亮度/对比度"参数

图 11-17　创建选区

图 11-18　设置"色彩平衡"参数

⑤ 确定"马路"图层处于选择状态，在菜单栏中选择"图像｜调整｜亮度/对比度"命令，在弹出的"亮度/对比度"对话框中设置合适的"亮度/对比度"参数，如图 11-19 所示。

图 11-19　调整"亮度/对比度"参数

⑥ 在"图层"面板中选择"分层通道"图层，使用 ![魔棒工具]（魔棒工具）选择如图 11-20 所示的区域，创建选区。

图 11-20　创建选区

⑦ 创建选区后，选择"建筑"图层，按 Ctrl+J 组合键，将选区中的图像复制到新的图层中，并命名图层为"花箱"。按 Ctrl+B 组合键，在弹出的对话框中设置合适的"色彩平衡"参数，还原原本色调，如图 11-21 所示。

⑧ 在"图层"面板中选择"分层通道"图层，使用 ![魔棒工具]（魔棒工具）选择如图 11-22 所示的区域，创建选区。

⑨ 创建选区后，选择"建筑"图层，按 Ctrl+J 组合键，将选区中的图像复制到新的图层中，并命名图层为"花箱大理石"。在菜单栏中选择"图像|调整|亮度/对比度"命令，设置合适的参数，如图 11-23 所示。

⑩ 在"图层"面板中选择"分层通道"图层，使用 ![魔棒工具]（魔棒工具）选择如图 11-24 所示的区域，创建选区。

图 11-21　调整"色彩平衡"参数

图 11-22　创建选区

图 11-23　设置"亮度/对比度"参数

图 11-24　创建选区

⑪ 创建选区后，选择"建筑"图层，按 Ctrl+J 组合键，将选区中的图像复制到新的图层中，并命名图层为"遮阳伞"。在菜单栏中选择"图像｜调整｜亮度／对比度"命令，在弹出的"亮度／对比度"对话框中选中"使用旧版"复选框，设置合适的参数，如图 11-25 所示。

图 11-25　设置"亮度／对比度"参数

⑫ 在"图层"面板中选择"分层通道"图层，使用（魔棒工具）选择如图 11-26 所示的区域，创建选区。

图 11-26　创建植物选区

⑬ 创建选区后，选择"建筑"图层，按 Ctrl+J 组合键，将选区中的图像复制到新的图层中，并命名图层为"植物 01"。按 Ctrl+B 组合键，在弹出的"色彩平衡"对话框中设置合适的"色彩平衡"参数，加深一下绿色色调，如图 11-27 所示。

图 11-27　调整"色彩平衡"参数

⑭ 在"图层"面板中选择"分层通道"图层，使用 ✦（魔棒工具）选择如图 11-28 所示的区域，创建选区。

图 11-28　创建植物选区

⑮ 创建选区后，选择"建筑"图层，按 Ctrl+J 组合键，将选区中的图像复制到新的图层中，并命名图层为"植物 02"。按 Ctrl+B 组合键，在弹出的"色彩平衡"对话框中设置合适的"色彩平衡"参数，加深植物的绿色，如图 11-29 所示。

⑯ 在"图层"面板中选择"分层通道"图层，使用 ✦（魔棒工具）选择如图 11-30 所示的区域，创建选区。

⑰ 创建选区后，选择"建筑"图层，按 Ctrl+J 组合键，将选区中的图像复制到新的图层中，并命名图层为"绿篱"。按 Ctrl+B 组合键，在弹出的"色彩平衡"对话框中设置合适的"色彩平衡"参数，加深绿色，如图 11-31 所示。

图 11-29　调整"色彩平衡"参数

图 11-30　创建绿篱选区

图 11-31　设置"色彩平衡"参数

11.3　设置环境和配景

　　下面将为效果图添加背景天空，设置辅楼的雾效，并添加和调整植物及人物素材，以及设置阴影和玻璃效果。

动手操作——设置背景和远景雾效

① 在工具箱中单击"设置前景色"图标，在弹出的"拾色器（前景色）"对话框中设置 RGB 为 110、175、232，如图 11-32 所示。

② 在工具箱中单击"设置背景色"图标，在弹出的"拾色器（背景色）"对话框中设置 RGB 为 247、255、253，如图 11-33 所示。

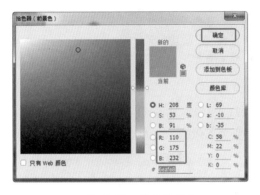 

图 11-32　设置前景色　　　　　　　图 11-33　设置背景色

③ 在"图层"面板中新建"天空"图层，并将其放置到"建筑"图层的下方，选择 ■ （渐变工具），设置渐变为前景色到背景色进行填充，如图 11-34 所示。

 提示

将相应的图层放置到同一个图层组中，便于管理。

图 11-34　填充"天空"图层

④ 在"图层"面板中选择"建筑通道"图层，使用 ✎ （魔棒工具），选择如图 11-35 所示的辅助建筑选区。

图 11-35　创建建筑选区

⑤ 在工具箱中设置前景色的 RGB 为 188、221、244，如图 11-36 所示。

⑥ 选择工具箱中的 （渐变工具），设置渐变为前景色到透明渐变，如图 11-37 所示。

图 11-36　设置前景色　　　　　　　　图 11-37　设置渐变类型

⑦ 确定创建的选区处于选择状态，在"图层"面板中新建"建筑遮罩"图层，填充选区渐变，如图 11-38 所示。填充渐变后，按 Ctrl+D 组合键，取消选区的选择。

图 11-38　填充渐变

⑧ 选择"建筑遮罩"图层,设置图层的"不透明度"为 40%,如图 11-39 所示。

图 11-39　设置图层的"不透明度"

⑨ 使用同样的方法,创建建筑遮罩效果,如图 11-40 所示。

⑩ 将相应的图层放置到图层组中,如图 11-41 所示。

图 11-40　创建建筑遮罩

图 11-41　创建图层组

动手操作——添加远景建筑和植物

① 在菜单栏中选择"文件|打开"命令,打开随书配套光盘中的"素材"\"第 11 章"\"远景建筑 .psd"文件,如图 11-42 所示。

② 将"远景建筑"素材拖曳到效果图中,调整图层的位置,并设置图层的"不透明度"为 50%,如图 11-43 所示。

图 11-42　打开"远景建筑"素材

图 11-43　设置图层的不透明度

❸ 在菜单栏中选择"文件 | 打开"命令，打开随书配套光盘中的"素材" \ "第 11 章" \ "远景树 .psd"文件，如图 11-44 所示。

图 11-44　打开"远景树"素材

❹ 选择需要的植物，并将其放置到效果图中，调整素材到建筑的后面，并设置合适的大小，调整相应图层的位置，如图 11-45 所示。

❺ 将远景树和建筑放置到一个图层组中，如图 11-46 所示。

图 11-45　添加植物素材　　　　图 11-46　放置图层到图层组中

⑥ 在"图层"面板中选择"分层通道"图层，使用 🖊（魔棒工具）选择如图 11-47 所示的植物区域。

图 11-47　创建植物选区

⑦ 创建选区后，选择"建筑"图层，按 Ctrl+J 组合键，将选区中的图像复制到新的图层中。按 Ctrl+T 组合键，调整素材的大小，然后按 Enter 键，将该图层放置到"图层"面板的顶部，如图 11-48 所示。

图 11-48　调整植物的效果

⑧ 调整素材的大小后，按 Ctrl+U 组合键，在弹出的"色相 / 饱和度"对话框中降低"饱和度"数值，如图 11-49 所示。

图 11-49　降低素材的饱和度

⑨ 对素材进行复制和调整，选择复制出的作为门头房的植物图层，按 Ctrl+E 组合键，合并为一个图层，将素材图层重新命名为"门头上植物"，如图 11-50 所示。

图 11-50　合并素材图层

⑩ 选择"分层通道"图层，使用 🖌 (魔棒工具) 创建门头房墙体选区，然后选择"门头上植物"图层，如图 11-51 所示。

图 11-51　创建选区

⑪ 选择"门头上植物"图层，单击 ◘ （添加图层蒙版）按钮，创建蒙版，选择植物的蒙版窗口，使用画笔工具将蒙版其他区域的地方也隐藏掉，如图 11-52 所示。

图 11-52　设置植物的蒙版

动手操作——绿篱和人物的添加

① 在菜单栏中选择"文件｜打开"命令，打开随书配套光盘中的"素材"\"第 11 章"\"绿篱 .psd"文件，如图 11-53 所示。

② 选择需要的绿篱，将素材拖曳到效果图中，调整素材的大小、位置和角度，如图 11-54 所示。

图 11-53　打开的素材文件

图 11-54　添加素材到效果图

③ 继续添加素材到效果图中，调整合适的绿篱大小，制作出绿篱的植物效果，如图 11-55 所示。将所有的绿篱图层放置到"绿篱"图层组中。

④ 选择"分层通道"图层，使用 ✎（魔棒工具），创建遮挡绿篱的车和电线杆的选区，如图 11-56 所示。

⑤ 为"绿篱"图层组设置 ◘（添加图层蒙版），完成的绿篱效果如图 11-57 所示。

⑥ 在菜单栏中选择"文件｜打开"命令，打开随书配套光盘中的"素材"\"第 11 章"\"人

群 .psd" 文件, 如图 11-58 所示。

图 11-55 添加植物素材

图 11-56 创建遮挡物的选区

图 11-57 设置绿篱的遮罩

图 11-58　打开人群素材

7 在效果图中按 Ctrl+R 组合键，显示标尺，拖曳出一人高的一个辅助线，为效果图添加人物素材，如图 11-59 所示。

图 11-59　显示标尺添加人物

8 继续添加人物素材到效果图中，如图 11-60 所示。

图 11-60　添加人物素材

⑨ 将添加到效果图中的人物素材图层放置到"人物"图层组中，创建遮挡人物的物体选区，并为其设置遮罩，如图 11-61 所示。

图 11-61　设置人物的遮罩

动手操作——添加马路阴影

① 在菜单栏中选择"文件｜打开"命令，打开随书配套光盘中的"素材"\"第 11 章"\"阴影 .psd"文件，如图 11-62 所示。

图 11-62　打开的阴影素材

② 将素材文件拖曳到效果图中，调整阴影的位置和大小，并设置图层的混合模式为"正片叠底"，命名图层为"阴影"，如图 11-63 所示。

图 11-63　设置阴影的混合模式

动手操作——玻璃效果的制作

① 在"图层"面板中选择"分层通道"图层，使用 🖌 (魔棒工具)，选择如图 11-64 所示的建筑玻璃区域。

图 11-64　创建玻璃选区

② 创建选区后，选择"建筑"图层，按 Ctrl+J 组合键，将选区中的图像复制到新的图层中，并命名图层为"玻璃"。按 Ctrl+B 组合键，在弹出的"色彩平衡"对话框中设置合适的"色彩平衡"参数，还原原本色调，如图 11-65 所示。

图 11-65　设置"色彩平衡"参数

③ 在菜单栏中选择"图像 | 调整 | 亮度 / 对比度"命令，在弹出的"亮度 / 对比度"对话框中设置合适的"亮度 / 对比度"参数，如图 11-66 所示。

④ 在菜单栏中选择"文件 | 打开"命令，打开随书配套光盘中的"素材"\"第 11 章"\"室内 .psd"文件，如图 11-67 所示。

图 11-66　设置玻璃的"亮度/对比度"参数　　　图 11-67　打开的室内素材

⑤ 将室内素材拖曳到效果图中，调整素材的位置和大小，如图 11-68 所示。将所有作为门市内景的素材放置到"门市"图层组中，方便管理。

图 11-68　添加素材到效果图中

⑥ 在"图层"面板中选择"分层通道"图层，使用 （魔棒工具）选择如图 11-69 所示的门市玻璃区域。创建选区后，为门市设置遮罩。

图 11-69　创建门市玻璃选区

11.4 调整整体效果

下面将对居民楼整体进行修饰。

动手操作——设置整体效果

①按 Ctrl+Shift+Alt+E 组合键，盖印图层到新的图层中，将盖印的图层放置到"图层"面板的最顶部，按 Ctrl+Shift+Alt+2 组合键，提取效果图的高光，如图 11-70 所示。

图 11-70　提取高光

②提取高光后，按 Ctrl+T 组合键，复制选区到新的图层中，设置图层的混合模式为"颜色减淡"，设置"不透明度"为 50%，如图 11-71 所示。

图 11-71　设置图层的属性

③选择"阴影通道"图层，在菜单栏中选择"选择 | 色彩范围"命令，在弹出的"色彩范围"对话框中选择建筑的红色区域，设置"颜色容差"为 200，如图 11-72 所示。

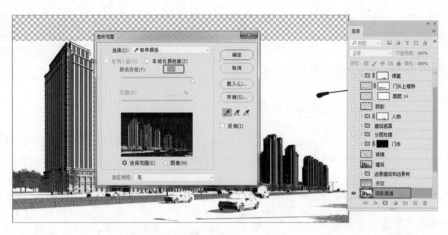

图 11-72　选择颜色范围

④ 创建选区后，选择盖印的图层，按 Ctrl+J 组合键，将选区中的图像复制到新的图层中，设置图层的混合模式为"线性加深"，设置"不透明度"为 30%，如图 11-73 所示。

图 11-73　设置图层的属性

⑤ 在"图层"面板中选择"分层通道"图层，使用 （魔棒工具），选择如图 11-74 所示的门市玻璃区域。

⑥ 在工具箱中设置前景色的 RGB 为 243、224、121，如图 11-75 所示。

图 11-74　创建门市玻璃选区

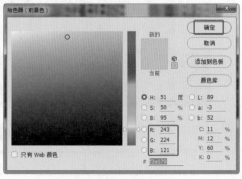

图 11-75　设置前景色

⑦ 在"图层"面板中新建一个图层,调整图层的位置,并按Alt+Delete组合键,填充前景色,如图11-76所示。填充选区后,按Ctrl+D组合键,取消选区的选择。

图11-76　填充选区

⑧ 设置图层的混合模式为"叠加",在菜单栏中选择"滤镜|模糊|高斯模糊"命令,在弹出的"高斯模糊"对话框中设置"半径"为100像素,如图11-77所示。

图11-77　设置模糊参数

⑨ 将制作完成的效果存储为"小区的后期处理.psd"文件。

11.5 小结

本章介绍了小区居民楼效果图的后期处理,在处理过程中,主体的层次关系是要重点考虑的。要从全局出发,把握整体的效果。细节上的问题,比如阴影、配景的大小比例关系等,都要考虑在内。清晰的作图思路和对最终效果的预期是尤为重要的,其最终的思维方式是:从全局出发,把握整体的效果。

第 12 章
建筑夜景的后期处理

　　夜景效果图是各种效果图中效果最为绚丽的一种，是体现建筑美感的一种常见表现手法。夜景效果图的主要目的不在于表现出建筑的精确形态和外观，而是用于对建筑物在夜景的照明设施、形态、整体环境等内容进行展示。

本章制作的夜景下的建筑效果图前后效果对比如图 12-1 所示。

图 12-1　建筑夜景效果图处理的前后对比

12.1　夜景效果图后期处理要点

日景主要表现的是一种非常阳光的氛围，而夜景因为时间的关系，它在表现方面有些难度，它既要让观者看清建筑的结构、细部，又要能够充分表现出现实中夜晚建筑、路面的那种车水马龙的感觉。

同样，夜景效果图场景也需要添加配景，它所添加的配景与日景的不同就是色调、明暗程度的不同。配景的色调调整好了，也将为场景的整体效果起到添砖加瓦的作用。

室外夜景建筑效果图后期处理的流程一般包括以下几方面。

- 对渲染图片的调整：在对效果图进行正式的后期处理之前，一般都会对从 3ds Max 软件中直接渲染输出的夜景效果图进行色调、构图方面的调整。特别是夜景下建筑玻璃和室内环境的处理，这是需要设计师特别注意的两方面。
- 为场景添加夜景环境背景：在处理夜景效果时，一般是为背景填充上一种合适的渐变颜色，这样可以表现出室外夜景天空的那种深邃感觉。另外，还要为场景中添加上合适的草地配景。
- 为场景添加远景及中景配景：夜晚远处的景物比起日景将会更加模糊不清，所以一般都会把添加的辅助建筑、远景树木等配景的不透明度适当地调低些，这样场景效果看起来更加真实些。同时，那些中景配景在清晰度上应该比远景配景清晰一些，这更加符合现实的透视原理。
- 为场景添加近景、人物等配景：人物在室外场景中是必不可少的一个重要配景，不同位置的人物明暗程度也会不同，一定要根据实际情况处理。

12.2　调整建筑

建筑是一幅效果图的中心和主题，在进行夜景表现之前，首先要对其色调、明暗进行调整。

动手操作——调整建筑

① 在菜单栏中选择"文件 | 打开"命令,打开随书配套光盘中的"素材"\"第12章"\"建筑夜景 .tga"文件,如图 12-2 所示。

② 在菜单栏中选择"文件 | 打开"命令,打开随书配套光盘中的"素材"\"第12章"\"阴影 .tif"文件,如图 12-3 所示。

③ 在菜单栏中选择"文件 | 打开"命令,打开随书配套光盘中的"素材"\"第12章"\"建筑通道 .tif"文件,如图 12-4 所示。

图 12-2　打开渲染的效果图　　　图 12-3　打开阴影通道　　　图 12-4　打开建筑通道

④ 在菜单栏中选择"文件 | 打开"命令,打开随书配套光盘中的"素材"\"第12章"\"分层通道 .tif"文件,如图 12-5 所示。

⑤ 将各种通道拖曳到效果图中,为通道命名相应的图层名称,可以看到效果图中有一个 Alpha1 通道,选择该通道,单击 ⊡(将路径作为选区载入)按钮,选中 RGB 通道,如图 12-6 所示。

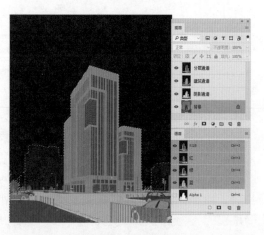

图 12-5　打开分层通道　　　　　　图 12-6　载入通道

⑥ 选择"背景"图层,按 Ctrl+J 组合键,复制选区中的建筑到新的图层中,将其调整到"图层"面板的顶部,并命名图层为"建筑",如图 12-7 所示。

⑦ 在菜单栏中选择"文件 | 打开"命令,打开随书配套光盘中的"素材"\"第12章"\"天

空 .jpg" 文件, 如图 12-8 所示。

图 12-7　复制选区中的图像

图 12-8　打开素材文件

⑧ 将天空素材拖曳到效果图中, 调整天空素材图层到"建筑"图层的下方, 如图 12-9 所示。

⑨ 选择"建筑"图层, 在菜单栏中选择"图像 | 调整 | 亮度 / 对比度"命令, 在弹出的"亮度 / 对比度"对话框中调整建筑的参数, 如图 12-10 所示。

图 12-9　拖曳天空素材到效果图中

图 12-10　调整建筑的"亮度 / 对比度"

⑩ 在"图层"面板中选择"分层通道"图层, 使用 ✎ (魔棒工具), 选择如图 12-11 所示的建筑墙体区域, 创建选区。

⑪ 创建选区后, 选择"建筑"图层, 按 Ctrl+J 组合键, 将选区中的图像复制到新的图层中, 并命名图层为"建筑墙体", 如图 12-12 所示。

⑫ 在"图层"面板中创建"图层 3"图层, 按住 Ctrl 键, 单击"建筑墙体"图层缩览图, 将其载入选区, 使用 ▣ (渐变工具) 填充选区为黑色到白色的渐变, 如图 12-13 所示。

⑬ 设置图层的混合模式为"线性加深", 并设置"不透明度"为 35%, 如图 12-14 所示。

⑭ 在"图层"面板中选择"分层通道"图层, 使用 ✎ (魔棒工具) 选择如图 12-15 所示的马路区域, 创建选区。

⑮ 创建选区后, 选择"建筑"图层, 按 Ctrl+J 组合键, 将选区中的图像复制到新的图层中, 并命名图层为"地面"。在菜单栏中选择"图像 | 调整 | 亮度 / 对比度"命令, 在弹出的"亮

度 / 对比度"对话框中设置合适的参数，如图 12-16 所示。

图 12-11　创建建筑墙体选区

图 12-12　复制建筑区域到新图层

图 12-13　填充选区渐变

图 12-14　设置图层的混合模式

图 12-15　创建马路选区

图 12-16　设置"亮度 / 对比度"

⑯ 在"图层"面板中选择"分层通道"图层，使用 🖌️（魔棒工具），选择瓷砖道路区域，

创建选区后，选择"建筑"图层，按 Ctrl+J 组合键，并命名图层为"瓷砖地面"。在菜单栏中选择"图像｜调整｜亮度 / 对比度"命令，在弹出的"亮度 / 对比度"对话框中设置合适的参数，如图 12-17 所示。

⑰ 在"图层"面板中选择"建筑通道"图层，使用 ✎（魔棒工具）选择汽车区域，创建选区，如图 12-18 所示。

图 12-17　调整瓷砖地面　　　　　　　　　图 12-18　创建汽车选区

⑱ 创建选区后，选择"建筑"图层，按 Ctrl+J 组合键，将选区中的图像复制到新的图层中，并命名图层为"汽车"。在菜单栏中选择"图像｜调整｜亮度 / 对比度"命令，在弹出的"亮度 / 对比度"对话框中设置合适的参数，如图 12-19 所示。

⑲ 选择"建筑通道"图层，创建辅助建筑的颜色，如图 12-20 所示。

图 12-19　设置"亮度 / 对比度"参数　　　　　图 12-20　创建辅助建筑区域

⑳ 创建选区后，选择"建筑"图层，按 Ctrl+J 组合键，将选区中的图像复制到新的图层中，并命名图层为"环境建筑"。在菜单栏中选择"图像｜调整｜亮度 / 对比度"命令，在弹出的"亮度 / 对比度"对话框中设置合适的参数，如图 12-21 所示。

㉑ 按住 Ctrl 键，单击"环境建筑"图层缩览图，将图层载入选区，选择作为背景天空的图层，按 Ctrl+J 组合键，复制选区中的天空到新的图层中，将图层命名为"天空－环境"，调整图层到"环境建筑"图层的下方，如图 12-22 所示。

图 12-21　设置"亮度/对比度"参数　　　图 12-22　复制环境建筑区域的天空图像

㉒ 选择"环境建筑"图层，设置图层的"不透明度"为 50%，如图 12-23 所示。
接下来根据天空设置玻璃效果。

㉓ 在"图层"面板中选择"分层通道"图层，使用 ✍（魔棒工具），选择玻璃颜色区域，
创建选区，如图 12-24 所示。

图 12-23　设置图层的"不透明度"　　　图 12-24　创建玻璃颜色选区

㉔ 创建选区后，选择"建筑"图层，按 Ctrl+J 组合键，将选区中的图像复制到新的图层中，
并命名图层为"玻璃"。在菜单栏中选择"图像 | 调整 | 亮度/对比度"命令，在弹出的"亮
度/对比度"对话框中设置合适的参数，如图 12-25 所示。

㉕ 按 Ctrl+J 组合键，复制出"玻璃拷贝"图层，按住 Ctrl 键，单击"玻璃拷贝"图
层缩览图，将其图层载入选区，填充选区为白色，设置图层的"不透明度"为 30%，如
图 12-26 所示。

㉖ 在"图层"面板中选择"分层通道"图层，使用 ✍（魔棒工具）选择红绿灯的颜色，
如图 12-27 所示。

㉗ 创建选区后，选择"建筑"图层，按 Ctrl+J 组合键，将选区中的图像复制到新的图层中，
并命名图层为"红绿灯"。在菜单栏中选择"图像 | 调整 | 亮度/对比度"命令，在弹出的"亮
度/对比度"对话框中设置合适的参数，如图 12-28 所示。

㉘ 使用 ▭（矩形选框工具）创建红绿灯的红灯区域，按 Ctrl+U 组合键，在弹出的"亮

度 / 对比度"对话框中设置合适的参数，如图 12-29 所示。

㉙ 使用⊞ (矩形选框工具) 创建黄灯区域，按 Ctrl+U 组合键，在弹出的"色相 / 饱和度"对话框中设置合适的参数，如图 12-30 所示。

图 12-25　设置玻璃的"亮度 / 对比度"参数

图 12-26　填充图层并设置其不透明度

图 12-27　创建红绿灯选区

图 12-28　设置红绿灯的"亮度 / 对比度"参数

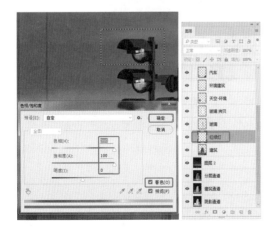

图 12-29　设置红灯的"色相 / 饱和度"参数

图 12-30　设置黄灯的"色相 / 饱和度"参数

⑳ 使用▣（矩形选框工具）创建绿灯区域，按 Ctrl+U 组合键，在弹出的"色相 / 饱和度"对话框中设置合适的参数，如图 12-31 所示。

㉛ 使用▣（矩形选框工具），结合使用"色相 / 饱和度"对话框设置出其他红绿灯的效果，如图 12-32 所示。

图 12-31 调整绿灯效果   图 12-32 设置出其他的路灯效果

㉜ 在"图层"面板中选择"建筑通道"，使用▨（魔棒工具），选择如图 12-33 所示的路灯选区。

㉝ 创建选区后，选择"建筑"图层，按 Ctrl+J 组合键，将选区中的图像复制到新的图层中，并命名图层为"路灯"。在菜单栏中选择"图像｜调整｜亮度 / 对比度"命令，在弹出的"亮度 / 对比度"对话框中设置合适的参数，如图 12-34 所示。

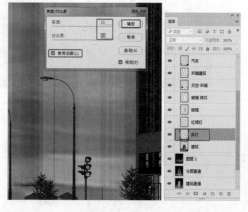

图 12-33 创建"路灯"选区   图 12-34 设置路灯的"亮度 / 对比度"参数

㉞ 将调整的图层放置到同一图层组中，并命名图层组为"分层调整"。

动手操作——设置玻璃效果

调整建筑效果之后，接下来设置玻璃的效果。

❶ 在菜单栏中选择"文件｜打开"命令，打开随书配套光盘中的"素材"\"第 12 章"\"室内 .psd"文件，如图 12-35 所示。

② 将室内素材拖曳到效果图中，使用 ✛（移动工具）调整素材的位置和大小，并对室内素材进行复制。在"图层"面板中选择"分层通道"图层，使用 ✎（魔棒工具），选择如图 12-36 所示的路灯选区。

图 12-35　打开的素材文件　　　　　　　　　图 12-36　创建路灯选区

③ 将选择的室内素材放置到同一个图层组中，如图 12-37 所示。单击"图层"面板底部的 ◻（添加图层蒙版）按钮，添加蒙版效果。

④ 在创建图层组的蒙版中，新建一个图层，选择 ⋗（多边形套索工具），根据楼板创建每层选区，并调整选区从黑色到白色的渐变，如图 12-38 所示。

图 12-37　创建图层组　　　　　　　　　　　图 12-38　设置渐变

⑤ 根据楼层创建填充后，设置图层的混合模式为"柔光"，并设置"不透明度"为 50%，如图 12-39 所示。

动手操作——夜景氛围的制作

① 在菜单栏中选择"文件｜打开"命令，打开随书配套光盘中的"素材"\"第 12 章"\"夜景光和车流线 .psd"文件，如图 12-40 所示。

② 在打开的文件中选择作为建筑喷光倒影的图

图 12-39　设置图层的混合模式

像，将其拖曳到效果图中，调整素材的角度和大小，如图 12-41 所示。

③ 继续添加汽车流线，如图 12-42 所示。

图 12-40　打开的素材文件

图 12-41　添加建筑喷光

图 12-42　添加汽车流线

④ 设置喷光和汽车流线图层的混合模式为"滤色"，设置"不透明度"为 80%，如图 12-43 所示。

⑤ 在菜单栏中选择"文件 | 打开"命令，打开随书配套光盘中的"素材"\"第 12 章"\"路灯高光 .psd"文件，如图 12-44 所示。

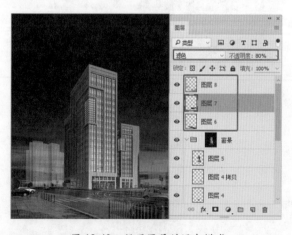

图 12-43　设置图层的混合模式

图 12-44　打开路灯高光素材

⑥ 将路灯高光拖曳到效果图中，并将其放置到路灯的灯泡处，调整至合适的大小，如

图 12-45 所示。将作为路灯的光效放置到车流光的图层组中，并命名图层组为"路灯光"，如图 12-45 所示。

⑦ 设置"路灯光"图层组混合模式为"滤色"，如图 12-46 所示。

图 12-45　添加路灯光

图 12-46　设置路灯光的混合模式

⑧ 在"分层调整"图层组中，按住 Ctrl 键，选择"夜景墙体"和"建筑墙体"两个图层，拖曳到 🔲（创建新图层）按钮上，复制出新图层，如图 12-47 所示。

⑨ 选择两个复制出的建筑墙体图层，按 Ctrl+E 组合键，合并图层，如图 12-48 所示。

图 12-47　复制图层

图 12-48　合并选择的图层

⑩ 合并图层后，在菜单栏中选择"滤镜|渲染|光照效果"命令，进入光照窗口，设置光照为右侧主建筑向上照射的效果，在"属性"面板中设置合适的光照参数，如图 12-49 所示。

⑪ 继续在光照效果选项栏中单击 💥（添加新的聚光灯）按钮，在"属性"面板中调整新添加的聚光灯参数，如图 12-50 所示。

⑫ 设置光照后，设置图层的混合模式为"叠加"，并设置"不透明度"为 50%，如图 12-51 所示。

⑬ 继续对设置光照后的夜景墙体进行复制，命名图层为"夜景墙体拷贝 3"，并设置其色相与饱和度，如图 12-52 所示。

⑭ 在菜单栏中选择"图像|调整|亮度/对比度"命令，设置合适的参数，并设置图层的"不透明度"为 50%，如图 12-53 所示。

图 12-49　设置聚光灯参数　　　　图 12-50　继续创建并设置聚光灯参数

图 12-51　设置图层的混合模式　　　　图 12-52　设置"色相／饱和度"参数

图 12-53　设置"亮度／对比度"参数

12.3 添加装饰

下面介绍添加夜景的装饰素材。

动手操作——添加远景植物

①在菜单栏中选择"文件｜打开"命令，打开随书配套光盘中的"素材"\"第12章"\"远景树 .psd"文件，如图 12-54 所示。

图 12-54　打开远景树素材

②选择合适的远景树添加到效果图中，如图 12-55 所示，调整远景树到建筑的后面。

③按 Ctrl+U 组合键，在弹出的"色相／饱和度"对话框中设置合适的参数，如图 12-56 所示。

图 12-55　添加远景树

图 12-56　设置远景树的"色相／饱和度"参数

④继续添加远景树，如图 12-57 和图 12-58 所示。

⑤将远景植物放置到一个图层组中，并命名图层组为"远景植物"，如图 12-59 所示。

图 12-57 添加远景植物

图 12-58 添加远景植物

图 12-59 放置远景植物到图层组

动手操作——添加人物素材

① 在菜单栏中选择"文件 | 打开"命令，打开随书配套光盘中的"素材"\ "第 12 章"\ "人.psd"文件，如图 12-60 所示。

图 12-60 打开人物素材

② 在菜单栏中选择"文件 | 打开"命令，打开随书配套光盘中的"素材"\ "第 12 章"\ "人群 .psd"文件，如图 12-61 所示。

③ 为效果图添加人物素材，在效果图中拖曳一条辅助线，调整人物素材的大小和位置，如图 12-62 所示。

图 12-61 打开人群素材

图 12-62 添加人物素材的效果图

④ 在"图层"面板中选择"分层通道"图层，使用 ✦（魔棒工具）选择遮挡人物的模型区域。如果近景人物处模型创建了选区，可以按住 Alt 键减选，如图 12-63 所示。

⑤ 继续创建远景人物遮挡物选区，并将添加的人物添加到同一个图层组，设置选区的遮罩，如图 12-64 所示。

图 12-63　创建遮挡人物的选区　　　　图 12-64　设置人物图层组的遮罩

接下来再为效果图中的汽车设置动感效果，并为效果图添加动感人物效果。

⑥ 在"图层"面板中选择"建筑通道"图层，使用 ✦（魔棒工具）选择如图 12-65 所示的汽车区域。

⑦ 创建选区后，选择"建筑"图层，按 Ctrl+J 组合键，将选区中的图像复制到新的图层中，命名图层为"汽车"，调整图层的位置。在菜单栏中选择"滤镜｜模糊｜高斯模糊"命令，在弹出的对话框中调整合适的"动感模糊"参数，如图 12-66 所示。

图 12-65　创建汽车选区　　　　图 12-66　设置汽车的"动感模糊"参数

⑧ 按 Ctrl+M 组合键，在弹出的"曲线"对话框中调整曲线形状，如图 12-67 所示。

⑨ 在菜单栏中选择"文件｜打开"命令，打开随书配套光盘中的"素材"\"第 12 章"\"动感模糊人.psd"文件，如图 12-68 所示。

⑩ 为效果图添加动感模糊的人，如图 12-69 所示。

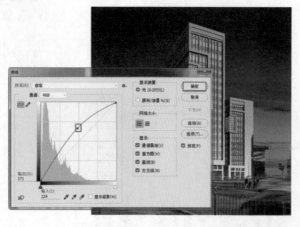

图 12-67　调整曲线

图 12-68　打开素材文件

图 12-69　添加动感模糊的人物

12.4 调整整体效果

下面将对居民楼整体进行修饰。

动手操作——设置整体效果

① 在"图层"面板中新建一个图层，命名图层为"喷光"，并将其调整到"图层"面板的顶部，双击"喷光"图层，在弹出的"图层样式"对话框中取消选中"透明形状图层"复选框，单击"确定"按钮，如图 12-70 所示。

② 在效果图中创建如图 12-71 所示的选区。

③ 填充选区为浅黄色，如图 12-72 所示。填充选区后，按 Ctrl+D 组合键，取消选区的选择。

④ 设置图层的混合模式为"叠加"，设置"不透明度"为 10%，如图 12-73 所示。

⑤ 在菜单栏中选择"滤镜｜模糊｜高斯模糊"命令，在弹出的"高斯模糊"对话框中设置合适的模糊半径，如图 12-74 所示。

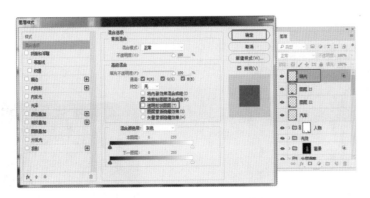

图 12-70　设置图层的图层样式

图 12-71　创建选区

图 12-72　填充选区

图 12-73　设置图层的混合模式

图 12-74　"高斯模糊"对话框

⑥ 新建一个图层，在效果图中建筑的顶部创建选区，作为光柱，填充选区为白色。填充选区后，按 Ctrl+D 组合键，取消选区的选择，设置图层的模糊，并设置图层的混合模式为"叠加"，如图 12-75 所示。

⑦ 在菜单栏中选择"文件 | 打开"命令，打开随书配套光盘中的"素材"\"第 12 章"\"月

亮.tif"文件，如图 12-76 所示。

图 12-75　设置建筑光柱　　　　　图 12-76　打开月亮素材

⑧ 添加月亮素材文件到效果图中，设置图层的混合模式为"滤色"，擦除素材的生硬边沿，添加的月亮如图 12-77 所示。

图 12-77　添加的月亮效果

⑨ 将制作完成的效果存储为"建筑夜景.psd"文件。

12.5　小结

　　本章系统地介绍了室外夜景效果图后期处理的方法和技巧。夜景和日景效果图的处理过程相同，该有的步骤一步也不能少，所不同的就是表现的时间和氛围，从而导致了表现手法稍微有些差别。日景通常要表现的是阳光普照的气氛，而夜景所要表现的是华灯初上、星光璀璨的氛围。在处理日景和夜景时，一定要把握好氛围的不同，具体情况具体分析，只有这样，才能制作出质量上乘的效果图作品。

第 13 章
中式古建效果图的后期处理

本章带领大家制作一幅中式古建的效果图后期，如图 15-1 所示，该效果图使用了半鸟瞰的角度，中近景有楼阁亭台，中远景有古朴的村落，远景有茂密的树林，近景有压角植被，再搭配蓝天白云、强烈的色彩对比，以及特有的雕梁、画栋、斗拱、脊兽、柱、门窗等，体现了中国古建筑独有的古朴典雅、气势恢宏、层次分明等特点。

本章制作的古建效果图后期处理的前后对比如图 13-1 所示。

图 13-1　古建效果图处理的前后对比

13.1　中式古建效果图后期处理要点

在进行后期处理之前，首先了解中式古建透视效果图后期处理表现的处理要点。

- 调整建筑：从 3ds Max 软件中将建筑场景渲染输出后，一般都需要在 Photoshop 中运用相应的工具或命令对色调、饱和度、明暗关系等不理想的地方进行修改，这样既可以保证效果，又节省时间。
- 添加天空背景及远景：提取天空选区，要为场景添加大的环境背景，一般为天空背景或者是渐变颜色。使用渐变颜色时，可以使用纯色或者添加云素材，但最常用的是直接调用合适的天空背景。另外，还要为场景添加合适的远景素材，在添加配景时，注意所选择配景的色调、透视关系要与场景相谐调，还需添加远景的雾化效果。
- 添加植物配景：为场景中近景添加植物配景，不仅可以真实地反映建筑周围的环境和季节，而且还可以增加场景的空间感、层次感及自然气息。在添加这些植物配景时，注意植物配景的形状及种类要与画面环境相一致，以免引起画面的混乱，并且须将素材色调与大环境相融合，保持画面风格的统一性。
- 综合调整：综合调整是一个整体调整的阶段，可以通过添加高光、锐化、四角压暗等效果进行调整，还可以通过相应的命令把握效果图的整体画面感觉。

13.2　调整建筑

下面将对渲染出的古建的各部分进行调整，调整至合适的亮度和色彩。

动手操作——调整建筑

① 在菜单栏中选择"文件｜打开"命令，打开随书配套光盘中的"素材"\"第13章"\"古建效果图 .tga"文件，如图 13-2 所示。

② 在菜单栏中选择"文件｜打开"命令，打开随书配套光盘中的"素材"\"第13章"\"通道 1.tga"文件，如图 13-3 所示。

③ 在菜单栏中选择"文件｜打开"命令，打开随书配套光盘中的"素材"\"第13章"\"通

道 2.tga" 文件，如图 13-4 所示。

图 13-2　打开古建的效果图

图 13-3　打开通道 1

④ 在菜单栏中选择"文件｜打开"命令，打开随书配套光盘中的"素材"\"第 13 章"\"分层通道 .tif"文件，如图 13-5 所示。

图 13-4　打开通道 2

图 13-5　打开通道 3

⑤ 将各种通道拖曳到效果图中，为通道命名相应的图层名称，如图 13-6 所示。

⑥ 可以看到效果图中有一个 Alpha1 通道，选择该通道，单击 ⬚（将路径作为选区载入）按钮，选中 RGB 通道，在"图层"面板中选择"背景"图层，按 Ctrl+J 组合键，复制选区中的效果图模型到新的图层中，并命名图层为"建筑"，调整其到"图层"面板的顶部，如图 13-7 所示。

图 13-6　创建图层

图 13-7　复制建筑区域

⑦ 在菜单栏中选择"文件 | 打开"命令，打开随书配套光盘中的"素材"\"第13章"\"天空001.jpg"文件，如图13-8所示。

图 13-8　打开的素材文件

⑧ 拖曳天空素材到效果图中，并将天空的图层放置到"建筑"图层的下方，按 Ctrl+T 组合键，打开自由变换框，调整天空素材图像的大小，如图13-9所示。

图 13-9　调整天空大小

⑨ 在"图层"面板中选择"分层通道"图层，使用 ✐（魔棒工具），选择如图13-10所示的地面区域。

图 13-10　创建地面选区

⑩ 创建选区后，选择"建筑"图层，按 Ctrl+J 组合键，复制选区中的地面图像到新图层中，并命名图层为"地面"。在菜单栏中选择"图像 | 调整 | 亮度 / 对比度"命令，在弹出的"亮度 / 对比度"对话框中设置合适的参数，如图 13-11 所示。

图 13-11　设置"亮度 / 对比度"参数

⑪ 在"图层"面板中选择"分层通道"图层，使用 ✐（魔棒工具），选择如图 13-12 所示的栏杆区域。

图 13-12　创建栏杆选区

⑫ 创建选区后，选择"建筑"图层，按 Ctrl+J 组合键，复制选区中的地面图像到新图层中，并命名图层为"栏杆"。在菜单栏中选择"图像 | 调整 | 亮度 / 对比度"命令，在弹出的"亮度 / 对比度"对话框中设置合适的参数，如图 13-13 所示。

图 13-13　设置"亮度 / 对比度"参数

⑬ 在"图层"面板中选择"分层通道"图层，使用 ✐ (魔棒工具)，选择如图 13-14 所示的雕花区域。

图 13-14 创建雕花选区

⑭ 创建选区后，选择"建筑"图层，按 Ctrl+J 组合键，复制选区中的地面图像到新图层中，并命名图层为"雕花"。按 Ctrl+B 组合键，在弹出的"色彩平衡"对话框中设置合适的参数，如图 13-15 所示。

图 13-15 设置"色彩平衡"参数

⑮ 在菜单栏中选择"图像│调整│亮度 / 对比度"命令，在弹出的"亮度 / 对比度"对话框中设置合适的参数，如图 13-16 所示。

图 13-16 设置"亮度 / 对比度"参数

⑯ 在"图层"面板中选择"分层通道"图层，使用 <img>（魔棒工具），选择如图 13-17 所示的基墙区域。

图 13-17　创建基墙区域

⑰ 创建选区后，选择"建筑"图层，按 Ctrl+J 组合键，复制选区中的地面图像到新图层中，并命名图层为"墙体"。按 Ctrl+L 组合键，在弹出的"色阶"对话框中设置合适的参数，如图 13-18 所示。

图 13-18　设置"色阶"参数

⑱ 在"图层"面板中选择"栏杆"图层，在工具箱中选择 <img>（加深工具），调整栏杆阴面加深效果，如图 13-19 所示。

图 13-19　调整加深效果

⑲ 在"图层"面板中选择"分层通道"图层，使用 ✎（魔棒工具），选择如图 13-20 所示的栏杆下的区域。

图 13-20　创建栏杆下区域

⑳ 创建选区后，选择"建筑"图层，按 Ctrl+J 组合键，复制选区中的地面图像到新图层中，并命名图层为"栏杆下"。使用 ✎（减淡工具）和 ✎（加深工具）调整模型向阳面的减淡、阴面加深效果，如图 13-21 所示。

图 13-21　设置加深和减淡效果

㉑ 在"图层"面板中选择"分层通道"图层，使用 ✎（魔棒工具），选择如图 13-22 所示的圆立柱的区域。

图 13-22　创建圆立柱区域

㉒ 创建选区后，选择"建筑"图层，按Ctrl+J组合键，复制选区中的地面图像到新图层中，并命名图层为"柱子"。使用 🔍（减淡工具）和 ✋（加深工具）调整模型向阳面的减淡、阴面加深效果，如图 13-23 所示。

图 13-23　设置加深和减淡效果

㉓ 在"图层"面板中选择"分层通道"图层，使用 🪄（魔棒工具），选择如图 13-24 所示的瓦区域。

图 13-24　创建瓦区域

㉔ 创建选区后，选择"建筑"图层，按Ctrl+J组合键，复制选区中的瓦片图像到新图层中，并命名图层为"瓦"。使用 🔍（减淡工具）和 ✋（加深工具）调整模型向阳面的减淡、阴面加深效果，如图 13-25 所示。

图 13-25　设置加深和减淡效果

㉕ 在"图层"面板中选择"分层通道"图层，使用 ，选择如图 13-26 所示的檐区域。

图 13-26　创建檐选区

㉖ 创建选区后，选择"建筑"图层，按 Ctrl+J 组合键，复制选区中的屋檐图像到新图层中，并命名图层为"檐"。使用 和 调整模型向阳面的减淡、阴面加深效果，如图 13-27 所示。

图 13-27　设置加深和减淡效果

㉗ 在"图层"面板中选择"分层通道"图层，使用 ，选择如图 13-28 所示的顶部装饰区域。

㉘ 创建选区后，选择"建筑"图层，按 Ctrl+J 组合键，复制选区中的装饰图像到新图层中，并命名图层为"顶中装饰"。使用 和 调整模型向阳面的减淡、阴面加深效果，如图 13-29 所示。

㉙ 在"图层"面板中选择"分层通道"图层，使用 ，选择如图 13-30 所示的屋脊区域。

㉚ 创建选区后，选择"建筑"图层，按 Ctrl+J 组合键，复制选区中的屋脊图像到新图层中，并命名图层为"屋脊"。使用 和 ，调整模型向阳面的减淡、阴面加深效果，如图 13-31 所示。

㉛ 在"图层"面板中选择"分层通道"图层，使用 选择如图 13-32 所示

的二楼墙围区域。

图 13-28　创建顶部装饰区域　　　　　图 13-29　设置加深和减淡效果

图 13-30　创建屋脊区域

图 13-31　设置加深和减淡效果

图 13-32　创建二楼墙围区域

㉜ 创建选区后，选择"建筑"图层，按 Ctrl+J 组合键，复制选区中的墙围图像到新图层中，并命名图层为"二楼墙围"。使用 🔍（减淡工具）和 🖑（加深工具），结合 ⟡（多边形套索工具），通过创建选区的方式，调整模型向阳面的减淡、阴面加深效果，使其分界更加明显，如图 13-33 所示。

图 13-33　设置加深和减淡效果

㉝ 调整后的二楼墙围效果如图 13-34 所示。

图 13-34　调整后的二楼墙围效果

㉞ 在"图层"面板中选择"分层通道"图层，使用 🖌（魔棒工具），选择如图 13-35 所

示的一层墙区域。

图 13-35　创建一层墙区域

㉟ 创建选区后，选择"建筑"图层，按 Ctrl+J 组合键，复制选区中的墙图像到新图层中，并命名图层为"一层墙"。使用🔍（减淡工具）和🔍（加深工具），调整模型向阳面的减淡、阴面加深效果，使其分界更加明显，如图 13-36 所示。

图 13-36　设置加深和减淡效果

㊱ 在"图层"面板中选择"分层通道"图层，使用🪄（魔棒工具），选择如图 13-37 所示的墙和顶红漆区域。

图 13-37　创建选区

37 创建选区后，选择"建筑"图层，按 Ctrl+J 组合键，复制选区中的墙和顶红漆图像到新图层中，并命名图层为"墙和顶红漆"。使用 🔍（减淡工具）和 🖐（加深工具），调整模型向阳面的减淡、阴面加深效果，使其分界更加明显，如图 13-38 所示。

图 13-38　设置加深和减淡效果

38 在"图层"面板中选择"分层通道"图层，使用 🪄（魔棒工具），选择如图 13-39 所示的红墙、红门、红屋檐下区域。

图 13-39　创建建筑红漆区域

39 创建选区后，选择"建筑"图层，按 Ctrl+J 组合键，复制选区中的红漆区域图像到新图层中，并命名图层为"建筑红漆"。使用 🔍（减淡工具）和 🖐（加深工具），调整模型向阳面的减淡、阴面加深效果，使其分界更加明显，如图 13-40 所示。

图 13-40　设置加深和减淡效果

13.3 添加植物和光效

接下来为效果图添加一些植物和光效装饰。

动手操作——添加植物和光效

① 在菜单栏中选择"文件 | 打开"命令，打开随书配套光盘中的"素材"\\"第13章"\\"远景树 .psd"文件，如图 13-41 所示。

② 将"远景树"素材拖曳到效果图中，调整素材的位置和大小，并调整素材到"建筑"图层的下方，如图 13-42 所示。

图 13-41　打开的素材文件

图 13-42　添加远景素材到效果图

③ 分别选择远景植物，按 Ctrl+L 组合键，在弹出的"色阶"对话框中设置合适的参数，压暗远景树，如图 13-43 所示。

图 13-43　调整远景树的色阶

④ 在工具箱中单击"设置前景色"图标，设置 RGB 为 140、173、226，如图 13-44 所示。

⑤ 按 Q 键，进入快速蒙版模式，使用 ■（渐变工具）填充蒙版，如图 13-45 所示。

⑥ 再次按 Q 键，退出快速蒙版模式，可以看到创建的选区，按 Alt+Delete 组合键，填充选区为前景色，并命名图层为"雾效"，如图 13-46 所示。

图 13-44　设置前景色

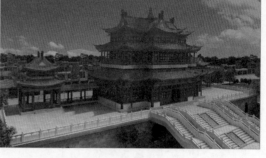

图 13-45　填充蒙版

图 13-46　创建快速蒙版选区

⑦ 按 Ctrl+D 组合键，取消选区的选择。选择"整体建筑通道"图层，使用 ✎ （魔棒工具）创建出整体模型，并为"雾效"图层施加蒙版，设置图层的混合模式为"滤色"，并设置"不透明度"为 80%，如图 13-47 所示。

图 13-47　设置雾效效果

⑧ 选择"植物通道"图层，使用 ✎ （魔棒工具）创建中景树的选区，如图 13-48 所示。

图 13-48　创建中景树选区

⑨ 创建选区后，选择"建筑"图层，按 Ctrl+J 组合键，复制选区中的图像到新的图层中，并命名图层为"中景植物"。按 Ctrl+B 组合键，在弹出的"色彩平衡"对话框中设置合适的参数，如图 13-49 所示。

图 13-49　设置"色彩平衡"参数

⑩ 使用同样的方法，创建并复制出远景和半棵植物的选区，将其复制到新的图层中，并命名图层为"远景和半棵植物"，使用"色彩平衡"对话框调整一下植物的色彩平衡效果，如图 13-50 所示。

图 13-50　设置"色彩平衡"参数

⑪ 通过"分层通道"图层，创建出如图 13-51 所示的植物选区。

图 13-51　创建植物选区

⑫ 创建选区后，选择"建筑"图层，按 Ctrl+J 组合键，复制选区中的图像到新的图层中，并命名图层为"小树近景"。按 Ctrl+B 组合键，在弹出的"色彩平衡"对话框中设置合适的参数，如图 13-52 所示。

图 13-52　设置"色彩平衡"参数

⑬ 在菜单栏中选择"文件｜打开"命令，打开随书配套光盘中的"素材"\"第 13 章"\"近景树 01.psd"文件，如图 13-53 所示。

⑭ 将植物拖曳到效果图的左下角，调整至合适的大小，并调整图层的位置，按 Ctrl+L 组合键，在弹出的"色阶"对话框中调整色阶参数，如图 13-54 所示。

⑮ 在菜单栏中选择"文件｜打开"命令，打开随书配套光盘中的"素材"\"第 13 章"\"近景树 02.psd"文件，如图 13-55 所示。

⑯ 将植物拖曳到效果图中下方的位置，调整素材的大小，按 Ctrl+L 组合键，在弹出的"色阶"对话框中设置合适的参数，如图 13-56 所示。

⑰ 按 Ctrl+B 组合键，在弹出的"色彩平衡"对话框中设置合适的参数，如图 13-57 所示。

⑱ 按 Ctrl+U 组合键，在弹出的"色相/饱和度"对话框中降低"明度"参数，如图 13-58 所示。

⑲在菜单栏中选择"文件 | 打开"命令，打开随书配套光盘中的"素材"\"第13章"\"近景树 03.psd"文件，如图 13-59 所示。

⑳将素材拖曳到效果图建筑的右下角位置，参考"近景树 02"的调整，调整其合适的颜色和明度，创建遮挡植物的建筑部分，并为"植物 02"添加图层蒙版，如图 13-60 所示。

图 13-53 打开的素材文件

图 13-54 设置"色阶"参数

图 13-55 打开的素材文件

图 13-56 设置"色阶"参数

图 13-57 设置"色彩平衡"参数

图 13-58　降低植物的明度

图 13-59　打开的素材文件

图 13-60　添加图层蒙版

㉑ 在"图层"面板中创建新图层，并将其调整到"图层"面板的顶部，按 Q 键，进入快速蒙版模式，使用 ■ (渐变工具)创建如图 13-61 所示的渐变蒙版。

图 13-61　创建蒙版

㉒ 再次按 Q 键，退出快速蒙版模式，设置前景色为浅黄色，并按 Alt+Delete 组合键，将前景色填充到选区，如图 13-62 所示。

图 13-62　填充选区

㉓ 设置图层的混合模式为"颜色减淡"，设置"不透明度"为 50%，设置"填充"为 15%，如图 13-63 所示。

图 13-63　设置图层的属性

㉔ 在"图层"面板中创建一个新图层，并将其调整到"图层"面板的顶部，按 Q 键，进入快速蒙版模式，使用 ▨（渐变工具）创建渐变蒙版，如图 13-64 所示。

图 13-64　创建快速蒙版

㉕ 再按 Q 键，退出快速蒙版模式，设置前景色为浅蓝色，并按 Alt+Delete 组合键，将前景色填充到选区，如图 13-65 所示。

图 13-65　填充选区颜色

㉖ 设置图层的混合模式为"正片叠底"，设置"不透明度"为 50%，设置"填充"为 30%，如图 13-66 所示。

图 13-66　设置图层的属性

13.4　调整整体效果

下面将对中式古建筑效果图整体进行修饰。

动手操作——设置整体效果

❶ 在"图层"面板中新建一个图层，并将其调整到"图层"面板的顶部，双击该图层，在弹出的"图层样式"对话框中取消选中"透明形状图层"复选框，单击"确定"按钮，如图 13-67 所示。

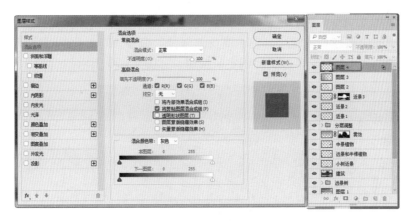

图 13-67　新建图层并设置图层样式

❷ 在工具箱中单击"设置前景色"图标，在弹出的"拾色器（前景色）"对话框中设置 RGB 为 219、177、48，如图 13-68 所示。

图 13-68　设置前景色

❸ 选择工具箱中的 ✐（画笔工具），在工具选项栏中设置合适的柔边笔触，并在效果图中高光的位置绘制颜色，设置其图层的混合模式为"颜色减淡"，设置"不透明度"为 10%，如图 13-69 所示。

图 13-69　设置喷光效果

④ 按 Ctrl+Shift+Alt+E 组合键，盖印所有图像到新的图层，并将其放置到"图层"面板的顶部。在菜单栏中选择"滤镜│其它│高反差保留"命令，在弹出的"高反差保留"对话框中设置"半径"为 1.5 像素，单击"确定"按钮，如图 13-70 所示。

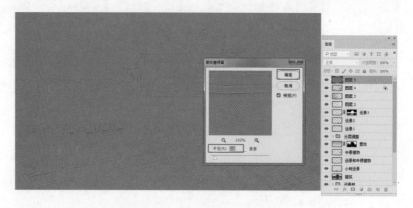

图 13-70　设置"高反差保留"参数

⑤ 设置图层的混合模式为"叠加"，增加效果图的清晰度，如图 13-71 所示。

图 13-71　设置图层的混合模式

⑥ 按 Ctrl+Shift+Alt+E 组合键，再次盖印图层，并设置图层的混合模式为"正片叠底"，如图 13-72 所示。

图 13-72　设置图层的混合模式

⑦ 使用 ✐.（橡皮擦工具）擦除中间的图像，制作出压暗周围的效果，如图 13-73 所示。

图 13-73　压暗周围效果

⑧ 将制作完成的效果存储为"古建后期 .psd"文件。

13.5 小结

　　本章主要讲述了中式古建透视效果图后期处理的方法和技巧。在制作过程中，整个画面的建筑主体外观和明暗层次与绿化环境的层次关系是重点考虑的地方，需要读者在平时的工作中多观摩优秀作品，多积累常用资料，慢慢增加对图像色彩及建筑结构的掌控能力。

第 14 章

鸟瞰效果图的后期处理

前面章节中讲解了室外建筑效果图的后期制作基本流程，在本章中我们将实战制作一幅鸟瞰效果图的后期处理。

鸟瞰效果图是指以高于建筑顶部的视角俯瞰全景，应用于室外建筑效果图。从高处鸟瞰制图区，比平面图更有真实感。视线与水平线有一俯角，图上各要素一般都根据透视投影规则来描绘，其特点为近大远小，近明远暗，体现单个或群体建筑的结构、空间、材质、色彩、环境以及建筑之间各种关系的图片。

鸟瞰效果图多用于表现规划方案、建筑布局、园林景观等内容，如城市规划、商业和房地产等应用。

在不同的效果图中会遇到不同的问题，本章制作鸟瞰效果图后期的实战，讲述把握鸟瞰的画面风格和制作流程。如图 14-1 所示为鸟瞰效果图后期处理的前后对比。

图 14-1　鸟瞰效果图处理的前后对比

14.1　鸟瞰效果图后期处理要点

鸟瞰效果图的作用有以下几点：

● 作为项目前期的投标或预演。

● 能让观众直观地理解设计者的构思和想法。

● 提高同对方交流与沟通的效率。

在前期鸟瞰效果图构图时应在表现主体的同时，将周边配套同时表现出一部分，让观众一目明了地看出整体规划。好的效果图应包含丰富的内容信息，不要让人一眼看透而没有内容。要明确效果图的画面风格，并保证画面的统一性，能让观众直观正确地理解表达的时间和重点表达的空间，然后须注意配景、人物、植物等素材的透视、比例、色调的关系处理。

室外效果图后期处理的过程没有固定的法则，但流程大致是相通的。效果图的风格不同，采用的制作方法也会有所不同。

在进行后期处理之前，首先了解鸟瞰效果图后期处理表现的处理要点。

● 根据风格和个人习惯使用"柔光"或"滤色"调整图像。

● 制作天空或远方背景。

● 分别调整各材质的明暗和色彩，并通过调整使其融入整个画面风格，不能太跳。

● 为场景添加人物、小品，如果是黄昏或夜景，须加入灯光、车流线等元素，提高画面的真实氛围和生活细节。

● 为场景添加云、雾效、光源、四角压暗等特效。

14.2　调整建筑

下面将对渲染出的鸟瞰图各部分进行调整，调整至合适的亮度和色彩。

动手操作——调整建筑

① 在菜单栏中选择"文件｜打开"命令，打开随书配套光盘中的"素材"\"第14章"\"鸟瞰 .tif"文件，如图 14-2 所示。

② 在菜单栏中选择"文件｜打开"命令，打开随书配套光盘中的"素材"\"第14章"\"分层通道 .tif"文件，如图 14-3 所示。

图 14-2　打开鸟瞰的效果图　　　　　图 14-3　打开分层通道

③ 在菜单栏中选择"文件｜打开"命令，打开随书配套光盘中的"素材"\"第14章"\"主建筑通道 .tif"文件，如图 14-4 所示。

④ 将打开的通道拖曳到效果图中，并命名通道名称，对"背景"图层进行复制，将"背景拷贝"图层放置到"图层"面板的顶部，如图 14-5 所示。

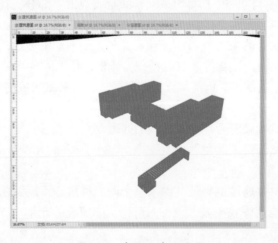

图 14-4　打开主建筑通道　　　　　　图 14-5　调整图层

⑤ 在"图层"面板中选择"分层通道"图层，使用 （魔棒工具）选择如图 14-6 所示的建筑乳白色墙体区域。

⑥ 创建选区后，选择"背景拷贝"图层，按 Ctrl+J 组合键，复制选区中的图像到新图层中，并命名图层为"乳白墙"。在菜单栏中选择"图像｜调整｜亮度 / 对比度"命令，在弹出的"亮度 / 对比度"对话框中设置合适的参数，如图 14-7 所示。

图 14-6　创建选区

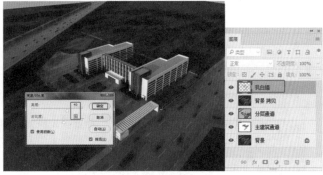

图 14-7　设置"亮度／对比度"参数

⑦ 按 Ctrl+B 组合键，在弹出的"色彩平衡"对话框中设置合适的参数，如图 14-8 所示。

⑧ 在"图层"面板中选择"分层通道"图层，使用 ✐（魔棒工具）选择如图 14-9 所示的红色墙体区域。

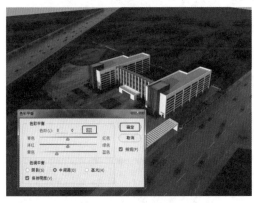

图 14-8　设置"色彩平衡"参数

图 14-9　创建红色墙体选区

⑨ 创建选区后，选择"背景拷贝"图层，按 Ctrl+J 组合键，复制选区中的图像到新图层中，并命名图层为"红墙"。在菜单栏中选择"图像｜调整｜亮度／对比度"命令，在弹出的"亮度／对比度"对话框中设置合适的参数，如图 14-10 所示。

⑩ 按 Ctrl+B 组合键，在弹出的"色彩平衡"对话框中设置合适的参数，如图 14-11 所示。

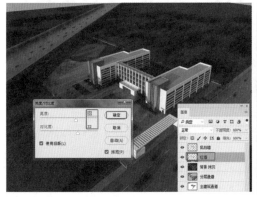

图 14-10　调置"亮度／对比度"参数

图 14-11　设置"色彩平衡"参数

⑪ 在"图层"面板中选择"分层通道"图层，使用 🖌 (魔棒工具)选择如图 14-12 所示的建筑顶和地面区域。

⑫ 创建选区后，选择"背景拷贝"图层，按 Ctrl+J 组合键，复制选区中的图像到新图层中，并命名图层为"顶和地面"。在菜单栏中选择"图像│调整│亮度/对比度"命令，在弹出的"亮度/对比度"对话框中设置合适的参数，如图 14-13 所示。

图 14-12　创建建筑的顶和地面选区

图 14-13　设置"亮度/对比度"参数

⑬ 按 Ctrl+B 组合键，在弹出的"色彩平衡"对话框中设置合适的参数，看一下调整的顶和地面的效果，如图 14-14 所示。

⑭ 在"图层"面板中选择"分层通道"图层，使用 🖌 (魔棒工具)选择如图 14-15 所示的廊架区域。

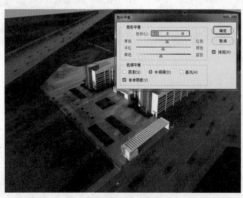

图 14-14　设置"色彩平衡"参数

图 14-15　创建廊架区域

⑮ 创建选区后，选择"乳白墙"图层，按 Ctrl+J 组合键，复制选区中的图像到新图层中，并命名图层为"廊架"。按 Ctrl+U 组合键，在弹出的"色相/饱和度"对话框中设置合适的参数，如图 14-16 所示。

⑯ 在"图层"面板中选择"分层通道"图层，使用 🖌 (魔棒工具)选择如图 14-17 所示的马路和水泥地面区域。

⑰ 创建选区后，选择"背景拷贝"图层，按 Ctrl+J 组合键，复制选区中的图像到新图层中，并命名图层为"水泥地"。在菜单栏中选择"图像│调整│亮度/对比度"命令，在弹出的"亮度/对比度"对话框中设置合适的参数，如图 14-18 所示。

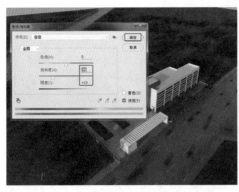

图 14-16　设置"色相／饱和度"参数

图 14-17　创建水泥地选区

⑱ 按 Ctrl+B 组合键，在弹出的"色彩平衡"对话框中设置合适的参数，如图 14-19 所示。

图 14-18　设置"亮度／对比度"参数

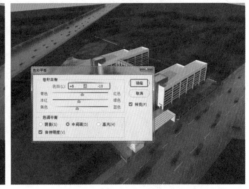

图 14-19　设置"色彩平衡"参数

⑲ 单独选择如图 14-20 所示的马路区域，创建选区后，选择"水泥地"图层，按 Ctrl+J 组合键，复制选区中的路面，并命名图层为"北路面"。

⑳ 在菜单栏中选择"图像｜调整｜亮度／对比度"命令，在弹出的"亮度／对比度"对话框中设置合适的参数，如图 14-21 所示。

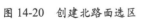

图 14-20　创建北路面选区

图 14-21　设置"亮度／对比度"参数

㉑ 按 Ctrl+B 组合键，在弹出的"色彩平衡"对话框中设置合适的参数，如图 14-22 所示。

㉒ 在"图层"面板中选择"分层通道"图层，使用 ▶（魔棒工具）选择如图 14-23 所示

的草地区域。

图 14-22　设置"色彩平衡"参数　　　　图 14-23　创建草地区域

23 创建选区后，选择"背景拷贝"图层，按 Ctrl+J 组合键，复制选区中的图像到新图层中，并命名图层为"草地"。按 Ctrl+B 组合键，在弹出的"色彩平衡"对话框中设置合适的参数，如图 14-24 所示。

24 在菜单栏中选择"图像 | 调整 | 亮度 / 对比度"命令，在弹出的"亮度 / 对比度"对话框中设置合适的参数，如图 14-25 所示。

图 14-24　设置"色彩平衡"参数　　　　图 14-25　设置"亮度 / 对比度"参数

25 在"图层"面板中选择"乳白墙"图层，按 Ctrl+U 组合键，在弹出的"色相 / 饱和度"对话框中降低"饱和度"参数，如图 14-26 所示。

图 14-26　设置"色相 / 饱和度"参数

将调整的图层放置到同一个图层组中，便于管理。

14.3 添加植物和人物素材

下面为效果图添加植物和人物素材。

动手操作——添加植物和人物素材

① 在菜单栏中选择"文件丨打开"命令，打开随书配套光盘中的"素材"\"第14章"\"渲染的树通道 .tif"文件，如图14-27所示。

② 在菜单栏中选择"文件丨打开"命令，打开随书配套光盘中的"素材"\"第14章"\"渲染的树 .psd"文件，如图14-28所示。

图 14-27 打开的素材文件

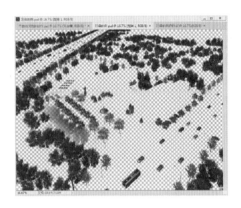

图 14-28 打开的"渲染的树"素材

③ 将打开的"渲染的树通道 .tif"和"渲染的树 .psd"两个文件拖曳到效果图中，调整图层的位置，并为图层分别命名为"配景"和"配景通道"，如图14-29所示。

图 14-29 添加素材到效果图中

④ 选择"配景"图层，按Ctrl+B组合键，在弹出的"色彩平衡"对话框中设置合适的参数，如图14-30所示。

⑤ 在菜单栏中选择"图像丨调整丨亮度/对比度"命令，在弹出的"亮度/对比度"对话框中设置合适的参数，如图14-31所示。

图 14-30　设置"色彩平衡"参数　　　　图 14-31　设置"亮度/对比度"参数

⑥ 在菜单栏中选择"文件│打开"命令，打开随书配套光盘中的"素材"\"第14章"\"鸟瞰人群.psd"文件，如图14-32所示。

⑦ 为效果图添加人物素材，调整素材的位置和大小，如图14-33所示。

图 14-32　打开的人物素材　　　　　　图 14-33　添加人物素材

⑧ 添加人物后，可以看到建筑小品与人物的层次关系出现了错误，可以通过对人物图层进行遮罩来解决，如图14-34所示。

图 14-34　设置人物的遮罩效果

14.4 添加光影效果

下面对效果图添加光影来渲染建筑效果图氛围。

动手操作——添加光影效果

图 14-35　添加镜头光晕

① 在"图层"面板中新建一个图层，将其放置到"图层"面板的顶部，并填充图层为黑色。在菜单栏中选择"滤镜｜渲染｜镜头光晕"命令，在弹出的"镜头光晕"对话框中选择合适的镜头类型，并设置合适的"亮度"参数，如图 14-35 所示。

② 设置镜头光晕所在图层的混合模式为"滤色"，调整其角度和位置，如图 14-36 所示。

③ 按 Ctrl+U 组合键，在弹出的"色相 / 饱和度"对话框中设置合适的参数，重新调整光晕的颜色，如图 14-37 所示。

图 14-36　设置镜头效果光晕

图 14-37　设置"色相 / 饱和度"参数

④ 调整光晕颜色后的效果如图 14-38 所示。

⑤ 新建一个图层，按 Q 键，进入快速蒙版模式，使用■.（渐变工具）创建渐变遮罩，如图 14-39 所示。

图 14-38　调整光晕颜色的效果

图 14-39　填充渐变遮罩

⑥ 设置前景色的 RGB 为 255、180、0，如图 14-40 所示。

⑦ 再按 Q 键，退出快速蒙版模式，按 Alt+Delete 组合键，将前景色填充到选区，并命名图层为"喷光"。按 Ctrl+D 组合键，取消选区的选择。双击该图层，在弹出的"图层样式"对话框中取消选中"透明形状图层"复选框，单击"确定"按钮。设置图层的混合模式为"颜色减淡"，设置"不透明度"为 10%，如图 14-41 所示。

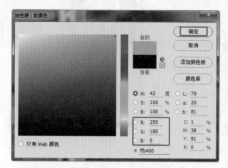

图 14-40　设置前景色

图 14-41　设置图层样式

⑧ 添加的左侧喷光效果如图 14-42 所示。

⑨ 设置前景色的 RGB 为 118、176、255，如图 14-43 所示。

图 14-42　左侧喷光效果

图 14-43　设置前景色

⑩ 新建一个图层，并命名图层为"蓝喷光"，如图 14-44 所示。

⑪ 按 Q 键，进入快速蒙版模式，使用 ■（渐变工具）创建渐变遮罩，如图 14-45 所示。

图 14-44　新建"蓝喷光"图层

图 14-45　填充渐变遮罩

⑫ 再次按 Q 键，退出快速蒙版模式，按 Alt+Delete 组合键，将前景色填充到选区，按 Ctrl+D 组合键，取消选区的选择。双击该图层，在弹出的"图层样式"对话框中取消选中"透明形状图层"复选框，单击"确定"按钮。设置图层的混合模式为"颜色减淡"，设置"不透明度"为 15%，如图 14-46 所示。

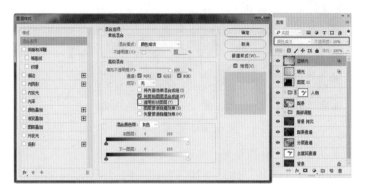

图 14-46　设置图层的样式

⑬ 使用快速蒙版的方法继续填充一个蓝色图层，并设置图层的混合模式为"减去"，设置"不透明度"为 20%，如图 14-47 所示。

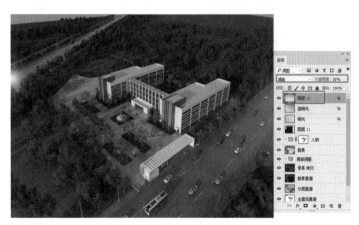

图 14-47　设置图层属性

⑭ 在菜单栏中选择"文件 | 打开"命令，打开随书配套光盘中的"素材"\"第 14 章"\"云.psd"文件，如图 14-48 所示。

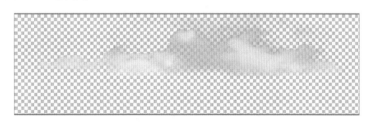

图 14-48　打开的云素材

⑮ 将"云"素材拖曳到效果图中，设置图层的"不透明度"为 20%，并对"云"素材进行复制，调整的效果如图 14-49 所示。

图 14-49 添加云素材

⑯ 继续复制镜头效果光晕中的发光光晕图像，调整图像的大小和位置，如图 14-50 所示。

⑰ 设置前景色的 RGB 为 246、183、120，如图 14-51 所示。

图 14-50 复制光晕   图 14-51 设置前景色

⑱ 新建一个图层，按 Alt+Delete 组合键，将前景色填充到选区。双击该图层，在弹出的"图层样式"对话框中取消选中"透明形状图层"复选框，单击"确定"按钮。设置图层的混合模式为"颜色"，设置"不透明度"为 41%，设置"填充"为 40%，如图 14-52 所示。

⑲ 新建一个图层，使用快速蒙版创建选区，并填充选区为黄色，设置图层的混合模式为"颜色减淡"，设置"填充"为 20%，如图 14-53 所示。

图 14-52 设置图层属性   图 14-53 设置黄色光效

14.5　调整整体效果

下面将对鸟瞰效果图整体进行修饰。

动手操作——设置整体效果

❶ 按 Ctrl+Shift+Alt+E 组合键，盖印所有图像到新的图层，如图 14-54 所示。

❷ 按 Q 键，进入快速蒙版模式，使用▣.（渐变工具）创建渐变遮罩，如图 14-55 所示。

❸ 再次按 Q 键，退出快速蒙版模式，按 Ctrl+M 组合键，在弹出的"曲线"对话框中调整曲线形状，压暗图像，如图 14-56 所示。

图 14-54　盖印图层

图 14-55　创建渐变遮罩

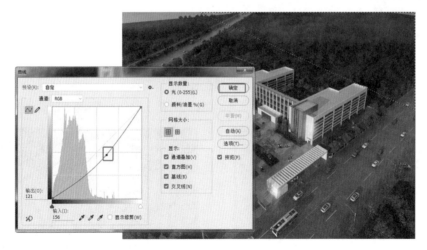

图 14-56　压暗选区中的图像

❹ 打开"鸟 .psd"文件，将"鸟"素材拖曳到效果图中，如图 14-57 所示。

❺ 调整"云"图层到"图层"面板的顶部，设置其图层的混合模式为"线性减淡（添加）"，设置"不透明度"为 20%，设置"填充"为 40%，如图 14-58 所示。

图 14-57　添加鸟素材

图 14-58　设置云的效果

⑥ 新建一个图层，使用▢（矩形选框工具）创建主体效果图区域。按Ctrl+Shift+I组合键，进行反选，并填充为黑色，如图 14-59 所示。

⑦ 单击"图层"面板底部的◐.（创建新的填充或调整图层）按钮，在弹出的下拉菜单中选择"色阶"命令，在"属性"面板中调整合适的参数，如图 14-60 所示。

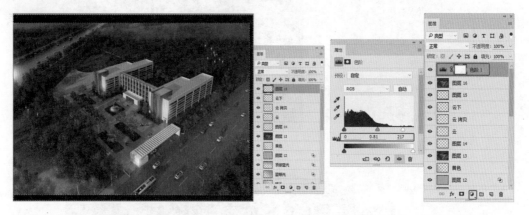

图 14-59　设置黑边

图 14-60　调整整体色阶

⑧ 调整整体色阶后的效果如图 14-61 所示。

⑨ 按 Q 键，进入快速蒙版模式，使用▢（渐变工具）创建渐变遮罩，如图 14-62 所示。

图 14-61　调整整体色阶后的效果

图 14-62　设置渐变遮罩

⑩ 再次按 Q 键，退出快速蒙版，新建一个图层，填充快速蒙版后的选区为淡蓝色，设置图层的混合模式为"正片叠底"，设置"填充"为40%，如图 14-63 所示。

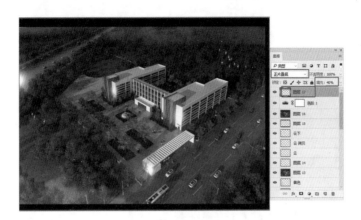

图 14-63 完成最终效果

⑪ 将制作完成的效果存储为"鸟瞰效果图的制作 .psd"文件。

14.6 小结

　　本章讲述了一幅鸟瞰效果图的较为完整的后期处理过程，其中主要介绍如何调整建筑的局部色调，通过调整局部色调来协调整体效果，并介绍如何添加各装饰素材，如何根据天气和气候制作效果图的渐变晕影等光效。希望通过对本章的学习，读者能够开拓思路，在实际的操作中制作出自己满意的鸟瞰效果图作品。

第 15 章

效果图的打印与输出

　　本章介绍打印与输出效果图，打印输出的效果图可以拿给客户看，这样可以更加直观，如果客户对图纸的设置有要求，那么必须根据客户的需求设置打印和输出。

15.1　打印输出的准备工作

打印输出是制作任何电脑效果图的最后操作。图像在打印输出之前，都是在计算机屏幕上操作的，根据打印输出的用途不同而有不同的设置要求。无论是将图像发送到桌面打印机，还是将图像发送到印前设备，了解一些有关打印的基础知识都会使工作更加顺利地进行，并有助于确保完成的图像达到预期的效果。

为了确保打印输出的图像和用户要求的一致，在打印输出之前作者必须要弄清楚下面几个事项。

- 作者必须知道客户需要的最终输出尺寸，根据客户的需求及设置的输出尺寸来制作，掌握合理的渲染精度和尺寸可以避免徒劳的额外劳动，也尽可能地节省出不必要浪费的时间。
- 对于各种计算机用户而言，打印文件意味着将图像发送到喷墨打印机。Photoshop CC 则可以将图像发送到多种设备，以便直接在纸上打印图像或将图像转换为胶片上的正片或负片图像。在后一种情况中，可使用胶片创建主印版，以便通过机械印刷机印刷。
- 精确设置图像的分辨率。如果对效果图要求不高，输出一般的写真可以设置分辨率为 72 像素 / 英寸；如果用于印刷，则分辨率不能低于 300 像素 / 英寸；如果是用于制作大型户外广告，分辨率低一点没关系。
- 如果客户要求印刷，则要考虑印刷品与屏幕色彩的巨大差异。因为屏幕的色彩由 R(红)、G(蓝)、B(绿) 三色发光点组成，印刷品由 C(青)、M(品红)、Y(黄)、K(黑) 四色油墨套色印刷而成。这是两个色彩体系，它们之间总有不兼容的地方，可以在印刷时将图像模式转换为 CMYK，进行渲染输出。

15.2　效果图的打印与输出

下面我们将介绍如何打印与输出，打印输出需要进行页面设置，即对图像的打印质量、纸张大小和缩放等进行设定。

在默认情况下 Photoshop CC 软件可以打印所有可见的图层或通道，如果只想打印个别的图层或通道，须在打印之前将所要打印的图层或通道设置为"可见"。

在进行正式打印输出之前，必须对其打印结果进行预览。在菜单栏中选择"文件｜打印"命令，即可弹出打印对话框，如图 15-1 所示。

在打印对话框中左边的图像框为图像的预览区域，右边为打印参数设置区域，其中包括"打印机设置""色彩管理""位置和大小"等选项，下面将分别进行介绍。

1.图像预览区域

在此区域中可以观察图像在打印纸上的打印区域是否合适。

2.位置和大小

在打印对话框的右侧单击"位置和大小"，展开卷展栏，可以显示"位置"和"缩放后的打印尺寸"的选项，如图 15-2 所示。

- 居中: 选中此复选框, 表示图像将位于打印纸的中央。一般系统会自动选中该复选框。
- 顶: 表示图像距离打印纸顶边的距离。
- 左: 表示图像距离打印纸左边的距离。
- 缩放: 表示图像打印的缩放比例, 若选中"缩放以适合介质"复选框, 则表示 Photoshop 会自动将图像缩放到合适大小, 使图像能满幅打印到纸张上。
- 高度: 指打印文件的高度。
- 宽度: 指打印文件的宽度。
- 打印选定区域: 如果选中该复选框, 在预览图中会出现控制点, 用鼠标拖动控制点, 可以直接拖曳调整打印范围。

图 15-1　打印对话框

图 15-2　位置和大小

3. 打印标记

- 角裁剪标志: 选中此复选框, 在要裁剪页面的位置打印裁切标记, 可在 4 个角上打印裁切标记, 如图 15-3 所示。
- 中心裁剪标志: 选中此复选框, 在要裁剪页面的位置打印裁切标记, 可在每个边的中心打印裁切标记, 以便对准图像中心, 如图 15-4 所示。

图 15-3　角裁剪标志

图 15-4　中心裁剪标志

- 套准标记: 在图像上打印套准标记 (包括靶心和星形靶), 这些标记主要用于对齐分色, 如图 15-5 所示。
- 说明: 打印在"文件简介"对话框中输入的任何说明文本 (最多约 300 个字符)。将始终采用 9 号 Helvetica 无格式字体打印说明文本。
- 标签: 在图像上方打印文件名。如果打印分色, 则将分色名称作为标签的一部分打印。只有当纸张比打印图像大时, 才会打印套准标记、裁切标记和标签。

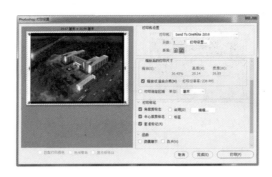

图 15-5　套准标记

4. 函数

● 药膜朝下：使文字在药膜朝下（即胶片或相纸上的感光层背对用户）时可读。正常
情况下打印在纸上的图像是药膜朝上打印的，感光层正对着用户时文字可读。打印
在胶片上的图像通常采用药膜朝下的方式打印，如图 15-6 所示。

● 负片：打印整个输出（包括所有蒙版和任何背景色）的反相版本。与"图像"菜单
中的"反相"命令不同，"负片"选项将输出（而非屏幕上的图像）转换为负片，
如图 15-7 所示。

图 15-6　药膜朝下

图 15-7　负片效果

● 背景：选择要在页面上的图像区域外打印的背景色。例如，对于打印到胶片记录仪
的幻灯片，黑色或彩色背景可能很理想。要使用该选项，可单击"背景"按钮，然
后从拾色器中选择一种颜色。这仅是一个打印选项，它不影响图像本身，如图 15-8
和图 15-9 所示。

图 15-8　设置背景颜色

图 15-9　设置背景颜色后的效果

- 边界：在图像周围打印一个黑色边框。单击该按钮，在弹出的"边界"对话框中输入一个数字并选取单位值，指定边框的宽度，如图 15-10 所示。
- 出血：在图像内而不是在图像外打印裁切标记。使用此选项可在图形内裁切图像。单击"出血"按钮，在弹出的"出血"对话框中输入一个数字并选取单位值，指定出血的宽度，如图 15-11 所示。

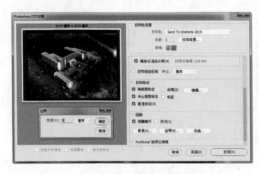 

图 15-10　设置边界　　　　　　　　　　　　图 15-11　设置出血

单击打印对话框右下角的"打印"按钮，根据提示设置打印机即可，这里就不详细介绍了。

15.3 小结

　　打印与输出是进行效果图创作的最后一步，也是最关键的一步。因为将一幅完美的作品打印出来，被客户接受，发挥其应有的价值，是最终目的。通过本章的学习，希望读者能够掌握如何在 Photoshop 软件中修改图像的尺寸和分辨率，并使自己的作品在打印时符合所需要的输出要求。